話數

数字で示せ：3秒でイメージさせて相手を動かす技術

3 秒打動人心！
財務長的高效數字溝通力！

定居美德 著

賴惠鈴 譯

前言

「沒日沒夜地加班，工作永遠都做不完。」
「不知道從什麼時候開始，被同時期進公司的人遠遠地拋在腦後了。」
「明明已經很努力了，主管卻看不到我的表現。」
工作上總是充滿了令人心力交瘁、難以接受的狀況。

「這些工作上的煩惱，光靠數字說話就能解決95%。」

要是有人這麼說，你敢信嗎？

事實上，人只要每天工作，就無法逃離數字。
或許各位會覺得「沒有數字也能工作啊」。

話是這麼說，但你之所以拿起這本書，我想也是因為不會「用數字表達＝用數字說話」，覺得再這樣下去有點不妙吧。

沒錯，再這樣下去會很不妙！

不用數字說話的人，光是這樣就會損失年收入的一半以上。

不用數字說話的人，會在不知不覺中放棄能做出成果的努力。

不用數字說話的人，無法得到同事的協助，只能孤立無援地工作。

不用數字說話的人，明明相當弱勢，卻毫無自覺。

這是因為如果不用數字說話，就**「無法達成目標、無法表達想法、無法得到評價」**。

「用數字說話」為何如此重要？

因為數字是全世界的職場上「共通的語言」。

即使不懂當地的語言，只要透過數字，不管在世界各地都能溝通。

數字能沒有錯漏、節省時間、馬上就能表達清楚，因此能輕易地跨越語言、立場、經驗的差異。

讓對方與自己達成一致的目標，互助合作，交出最漂亮的成績單。就像複製你腦海中的意象，讓對方瞬間就能理解問題及目標，從而促使對方採取行動。而且還能立刻搞定自己的工作，可以說是最理想的工具。

這就是「數字」的威力。

「善用數字這個『共通語言』在工作上做出成果。」

這就是本書的目的。

「數字是『世界的共通語言』，因此『用數字說話』＝『利用數字妥善表達』非常重要。」

聽起來似乎很理所當然，大部分的人之所以做不到，不外乎以下三個理由。

首先，學校的數學與在工作上做出成果的數字完全是兩回事。

「用數字說話」需要的並非難懂的數字，而是再簡單不過，任何人都能理解的數字。

其次是對數字的「錯誤觀念」。

請拋開「數字一定要正確」的觀念。
最後是因為不知道「能做出成果」的實用工具。
因此要先掌握就連小學生也能懂，最重要的「何時、多少、幾%」。
接著再學習用數字說話的「方式」。
學會以後，大概會驚訝於「這麼簡單沒問題嗎？」
本書將帶大家一口氣解決這三個問題。
只要會小學生的算數，就能「用數字說話」，在工作上做出成果。

別看我這樣，我其實從小就很笨拙，是別人口中「付出三倍努力，好不容易才能跟平常人一樣」的數學白癡。
還好參加過橄欖球社的氣魄與毅力受到看重，有幸找到工作，沒想到居然被分發到財務部。
在日本的時候，全都依照主管的指示工作，勉強還算勝任愉快。
不料進公司第三年就隻身奉派至香港赴任，必須靠自己與銀行及客戶工作。
這時又馬上發生亞洲金融風暴[1]，還曾經因為自己說明得不夠詳細，必須立刻還清數億圓的貸款。多虧東京的總公司採取緊急應變措施，才能免於陷入最糟的情況，但只要稍有不慎，整張報紙的頭版或許就會出現「從香港開始！綜合商社破產」的新聞。

當時什麼都做不了的我，只能拚命地向大家低頭致歉。

心想不能再這樣下去，回到日本後，我開始去補習。

然而，在補習班填寫的轉職問卷反而讓我的經歷陷入絕境。負責人打電話通知我，我依照建議去埃森哲公司[2]上班，該公司的員工人數超過七十萬人，來自世界各地，是全球規模最大的綜合顧問企業之一。當時負責與我面試的是後來成為我主管的英國人，他的一句「我會把你培養成財務專家」，促使我決定轉換跑道。

1 一九九七年爆發的一場金融危機，從一九九七年七月開始席捲東亞大部分地區，並打破了亞洲經濟急速發展的幻象，而隨後資本的投資減少，使得亞洲各國的經濟遭受嚴重打擊，紛紛進入經濟衰退。

2 Accenture，成立於一九八九年的一家管理諮詢、資訊技術和業務流程外包的跨國公司，總部位於愛爾蘭的都柏林。

然而我當時並不知道，「自己思考、自己行動、自己做出成果」在外商公司是理所當然的一件事。

甚至也不知道該怎麼做事，話說回來，我根本不知道該做什麼。

每天都想著「什麼時候要辭職呢？」的我，在遞出辭呈的前一刻遇見了「用數字說話」。

也就是這本書的心法。

當你覺得「用數字說話」是一件理所當然的事，就能掌握重點，得到更豐碩的成果。

如果你不擅長「用數字說話」，至少在閱讀這本書的時候，請暫時忘記那種「不擅長」的感覺。

至於還沒有意識到「用數字說話」的你，現在機會來了。請用複製、貼上的方式，將這本書應用到淋漓盡致。

對於想交出更亮眼成績單的職場領導者、想培養在社會上生存能力的學生或創業家，以及希望部下做出成果的經營者，這個方法也非常管用。

這本書是為了即使無法交出理想中的成果，陷入不安與絕望，但仍為了自己、為了心愛的人，明天也要繼續工作的你所寫的書。

另一方面，做出成果並不需要花上好幾個月。

只要掌握「用數字說話」的訣竅，就能從實踐篇找到必要的工具。

「明天的簡報要怎麼表現才能過關呢？」

「下週的會議將決定公司的未來。」

「一定要通過今天下午的線上面試！」

這些人也適用。

請先透過「用數字說話」來完成眼前的挑戰。

再慢慢地讓「用數字說話」變成一輩子都能派上用場的工具。

搞清楚目標與行動，加入最棒的夥伴，自己也要負起責任來堅持到最後一刻。這樣就能得到應得的評價，交出最完美的成績單。

唯有能「用數字好好說話」的人才能過上這種理想的職業生涯。

1 能幹的人用數字說話

Contents

2 用數字說話的簡單技巧

3 用數字說話，藉此得到公司內部的信賴

4 用數字說話，藉此抓住商機

5 掌握更進階的「用數字說話」技巧，讓你更上一層樓

1

能幹的人用數字説話

01「不用數字說話症候群」

●不斷出現在全國各地辦公室的光景

「非常順利，沒問題。」
「感覺很不賴，加油。」
「肯定能大發利市。」
「就快結束了。」
「好像少了點什麼。」
「只差一步了。」

各位在職場上是否也聽過這種說話方式呢？請你要特別注意充滿這種說話方式的職場。

因為這是**會讓工作的成果或現狀，變得「含糊不清」的說話方式**。

既然未來的目標或現在的狀況都含糊不清，你的工作就不可能成功。

●沒有數字又「含糊不清」的工作無法做出成果

同樣地，也要注意以下的說話方式。

「可以耽誤你一點時間嗎？」、「有時間的話」、「麻煩盡快」、「非常緊急」。

為了在工作上做出成果，清楚明瞭的時間管理至關重要。

可是如果太在意對方，就**會讓時間變得「含糊不清」**。

世上充滿了不用數字說話、工作「含糊不清」的人。

問題是，大家都沒有意識到「含糊不清」就決定了工作的成敗，也**沒有注意到做不出成果，是因為我們變得含糊不清**。

●不用數字說話也能解決問題的時代已經結束了

為什麼學不會「用數字說話」呢？

那是因為以前就算用數字說話，也無法做出成果來。

日本的社會截至目前為止，在經濟持續成長的情況下，還可以花時間建立人際關係。

在辦公室裡度過漫長的時光，有時候還會一起去喝酒，觀察對方的心情，自然而然會形成一種察言觀色，發展出「肉眼看不見的共通語言」。

因為可以透過「察言觀色」來彌補「含糊不清」的鴻溝，因此就算不太「用數字說話」，也能藉由團隊合作與一股衝勁來做出成果。

但自從發生了新冠疫情之後，這一套已經行不通了。

公司內部「很難見到面」的人自不待言，有時候還必須與完全沒見過面的人共事。

必須在短時間內讓對方知道、推對方一把，好做出成果來。

因此必須明確地討論工作的目標及行動等等。這就是所謂的「用數字說話」。

用數字說話的技巧 01

要理解現在是個如果沒有用數字，以「含糊不清」的方式討論，就無法做出成果的時代。

02 不用數字說話的人將失去年收入的一半

•九個「無法」，讓你的努力毀於一旦

你工作的時候會用數字說話嗎？

「這不是廢話嗎？這是工作的基本。」有人會這麼說。

「我知道這很重要，但就是不太擅長。」這麼說的人大概也不在少數。

說不定也有人這樣說：

「我根本沒想過用數字說話。」

不用數字說話的人，將因為九個「無法」而蒙受巨大的損失。

●不用數字說話的人將無法得到協助

首先是無法得到協助。

①無法清楚地表達

不用數字說話的人因為說話不夠具體，無法清楚地表達。

②無法分享腦中的想法

想一起做點什麼事的時候，也因為目標不夠具體，無法分享腦中的想法。

③無法讓對方聽自己說話

對方一旦對你產生「聽不太懂你在說什麼」的印象，人概就不會再認真聽你說話了。

●不用數字說話的人就無法完成工作

其次是無法完成工作。

受到以下三個「無法」的干擾，工作的進度將不如預期。

④無法預測

沒有數字就不知道該怎麼前進，也不知道目的地，更無法預測要花多少時間和能量。

⑤無法採取行動

不知道要花多少時間和能量，也不知道目的地的話，就無法採取行動，這就等於是在不清楚終點和距離的情況下開始跑馬拉松。

⑥無法減少時間的浪費

不知道該如何前進，也沒有衡量標準的話，就不可能有效率地工作。結果不是浪費時間，就是浪費精神。

●不用數字說話的人也無法獲得好評

不僅如此，也無法獲得好評，以下三個「無法」將讓你的努力毀於一旦。

⑦無法衡量成果

一旦沒有營業目標或業績的數字，就無法衡量有何業務上的成果。業務以外的工作也是，倘若沒有目標與業績的數字，就只能得到「怎麼做都可以」的評價。

⑧ 無法比較

人事考績是與別人作比較，但如果沒有評價的標準，就無法進行比較。要選人當課長的時候，身在業務單位的你和會計部門的同梯，誰比較有機會雀屏中選呢？

⑨ 無法讓主管再往上呈報

直屬主管不見得擁有對你打分數的全部權限，主管如果要再向自己的主管或人事部報告對你的評價，沒有數字一切都是白搭。

也就是說，不用數字說話的人——

無法得到周圍的協助，只能孤立無援地努力。

無論再怎麼努力，也遲遲無法把工作做完。

好不容易把工作做完了，卻無法得到主管或其他人的好評。

你心裡將只剩下對周圍的不信、不安、不滿。

問題是，周圍的人並沒有錯。

當然，也不是你不夠努力。

你只是沒有用數字說話而已。

如果你知道自己拿數字沒辦法還好。

但現實是對不用數字說話毫無自覺的人多不勝數。

用數字說話的技巧 02

不用數字說話的人不僅得不到協助、工作做不完，也無法贏得好評。

9個「無法」會讓你的工作陷入困境

得不到協助

無法分享腦中的想法

無法清楚地表達

無法讓對方聽自己說話

工作做不完

無法預測

無法減少時間的浪費

無法採取行動

得不到好評

無法衡量成果

無法讓主管再往上呈報

無法比較

03 請不動對方是因為沒有用數字說話

● 數字能打動對方的頭腦、心靈和身體

主管說出以下哪一句最能打動人心？

會讓你說出：「好，包在我身上！」呢？

A「沒考到證照，考績會下滑喔。」

B「要是能在今年的年中考到證照，就能加薪十萬圓喔。」

不用說肯定是B吧。聽到A的那種說法，就無法讓人提起勁來考試。

但聽到主管說能加薪十萬圓，再困難的考試也會想辦法及格吧？

不用數字說話，就無法打動對方。

不用數字說話，就無法打動對方？

數字比熱情還重要嗎？

才沒有這回事！

或許各位會這麼想。

那麼，為什麼不用數字說話就無法打動對方呢？

●沒有數字的作業很難著手

如同前面提到的，不用數字說話將引起下列的問題：

◆不清楚問題

◆不明白現狀

◆目標很模糊

◆不知道需要多少行動（量）
◆擔心會不會白忙一場
◆不確定成功的可能性

對方即使想幫助你，也不確定你是不是真的需要幫助，因為**不知道要花多少時間和精力幫助你，所以就不會採取行動了。**

為了讓對方動起來，必須徹底搞清楚這三個重點：

①**問題（現在）**
②**目標（未來）**
③**需要的行動（內容、量）**

如此一來，對方就能理解問題的重要性，也會明白為了實現目標該怎麼做才好。

才能判斷該不該採取行動。

用數字釐清問題與行動，藉此打動對方的頭腦。

用數字讓未來的願景變得明確，藉此打動對方的心。
用數字打動對方的頭腦和心，最後就能打動對方的身體。

用數字說話的技巧 03

不用數字說話，就不知道目標和需要做出什麼行為，也就不會採取行動。

04 遠端上班的時代更需要「共通語言」

●隔著螢幕的那個人為什麼就是無法理解呢？

如果對方是隔著螢幕的人，那麼不用數字說話就更難以讓對方理解了。因為現今的職場，經由察言觀色得到「肉眼看不見的共通語言」，已經快要行不通了。

「這種事不是早該知道嗎？」這種認知已不再是理所當然的一件事了。

你也有過以下的經驗吧：

◆因為遠端上班，很難有機會見到部下或上司

◆必須與客戶在線上開會

◆不用去學校，見不到老師和朋友，面試也透過遠端進行

因為「遲遲見不到對方」，工作上做不出成果也沒關係──才沒有這種事！就算「遲遲見不到對方」，我們也必須交出工作上的成績單。因為「遲遲見不到對方」，平常的努力或團隊合作的狀況也就看不出來，所以只能依靠「較容易看見」的營業額或利益來爭取評價。

除此之外，也因為不太能加班，所以更要在短時間內做出成果才對，不是嗎？

●新的時代極度缺乏「共通語言」

話雖如此，由網路創造出來的新工作方法，也不盡然都是不好的。以前基本上辦不到的任務，將成為一種新的「理所當然」。例如住在充滿大自然氣息的地方城市，也能與東京的大企業或海外的夥伴一起推動專案。

沒錯，這是一個大好機會，只要具備必要之物，你就能抓住良機。

「共通語言」正是新時代最需要的東西。

只要學會「共通語言」，就能與許多年齡、語言、文化各異的人士建立關係、得到他們的協助，並交出漂亮的成績單。

話說回來，什麼是共通語言？

各位的腦海中或許會浮現全球通用的共通語言，也就是「英文」。

事實上，世界上還有比英文更有力量的共通語言。

那就是「數字」。**尤其在商業的世界裡，「數字」是最強悍的共通語言。**

或許各位會覺得，「事到如今」怎麼還在說這麼理所當然的事？

或許也有人會反過來認為：「又是數字，可以饒了我嗎？」

但正是因為數字，事情才能表達清楚。

日本上班族在這個新時代極度缺乏的東西，就是「用數字說話」的能力。

工作能力強、品性卓越，這種「又能幹、人緣又好」的人，就能獲得更多人的幫助，一同做出成果。

這時你需要的就是「共通語言」，也就是用「數字」說話的能力。

如同這本書介紹的，「用數字說話」並不是什麼了不起的能力。

日本的上班族之所以缺乏用數字說話的能力，無非是因為，過去就算不用數字說話也能搞定工作，因此沒發現「用數字說話」的重要性而已。

培養「用數字說話」的技巧，並在各種不同的場面付諸實行。

這麼一來，不管是線上還是線下，都能在工作上交出亮眼的成績單。

用數字說話的技巧 04

一定要理解數字在商業的世界裡，尤其在網路上是「共通語言」。

05 用數字說話的人將遠遠跑在不用數字說話的人前面

●利用速度×協助×評價拉出差距

能巧妙用數字說話的人，比不會用數字說話的人占更多優勢。

這是因為，**能巧妙地用數字說話的人，不管是工作的速度，還是得到的協助、收穫的評價，都比不用數字說話的人占盡優勢**。把這三大要素加起來，產生相乘效果後，與他人的差距，自然就會明顯地表現在年收入及出人頭地的程度上。

或許會有人覺得：「光靠『用數字說話』未免也太誇張了。」

以下就帶大家具體地了解「速度」、「協助」和「評價」這三大要素。

●永遠不會有「有空的時候」

首先，用數字說話就可以快速展開工作。

假設有兩位主管同時交辦工作給你，你會先處理哪一位主管交辦的工作？

A主管：「等你有空的時候處理一下。」

B主管：「明天下午三點前做好給我。」

肯定是B主管的工作吧。因為人永遠不存在「有空的時候」。

這就跟寫暑假作業一樣，要是沒有八月三十一日的期限，肯定永遠都不會完成。

其次，用數字說話可以加速工作的進度。

假設又有一天，兩位主管同時要你邀請客戶參加展示會。

A主管：「下週的展示會，邀請客戶來參加的任務就交給你了！請拿出幹勁與毅力，加油！」

B主管：「下週的展示會要再邀請五十位客戶，請你先利用顧客名單寄出五百封邀請函。」

絕大多數的人都會先處理B主管交辦的事項吧。

尤其是在追求速度的時候，能「用數字說話」就顯得更重要。

● 更容易得到協助與支持

其次，用數字說話更容易獲得理解，並得到對方的支持。

某天，兩位同事都想請你幫忙——

A同事：「傷腦筋，怎麼辦……快來不及了，可以請你幫個忙嗎？」

B同事：「今天五點下班前，可以麻煩你撥出三十分鐘幫我檢查資料嗎？我要準備明天早上九點的會議，努力為團隊爭取到三百萬圓的預算。」

答案肯定是B。用數字說話不只能說明目的，也能讓對方了解你需要哪些協助，這樣對方才會願意幫助你。

●用數字給的評價很有威力

最後，只要用數字說話，就能得到別人的青睞，為自己博得好評。

假設公司要甄選負責海外業務的員工，你也參與了面試工作。

如果其他條件幾乎一樣，你會選哪個人呢？

A先生：「我的商用英語完全沒問題。」

B先生：「我的TOEIC考了九百三十分。」

這絕對是選B先生的吧。

要進行人事的選擇時，用數字來評價就會非常具有威力。

光是現在，隨便掐指一算，我自己就同時在進行十五項工作。

包括了地方創生、企業工作、個人事業，各五項。

我之所以能如此三頭六臂，正是因為具備「用數字說話」的能力。

同時也是因為自己工作的速度夠快，並多虧了同伴的協助。

因此可以讓更多人知道我在做什麼，獲得了被媒體報導的機會。

由此可見，「用數字說話的人」比不用數字說話的人跑得更快更遠。

用數字說話的技巧 05

只要用數字說話，就能加快工作的速度，得到支持，雀屏中選。

用數字說話的人更容易得到協助及支持，也能獲得合理的評價

比較想幫誰的忙？

完蛋了！
傷腦筋！
可以救救
我嗎？
怎麼辦
……
可以在今天
5 點下班前，
花 30 分鐘幫
我個忙嗎？
因爲我要準備
明天早上 9 點
的會議，努力爲
團隊爭取到 300
萬圓的預算！

用數字明確地顯示出目的與需要的協助

比較想錄取誰？

我的商用英語
完全沒問題！
我的 TOEIC
考了 930 分

使用到數字的評價非常有威力！

06 為什麼那個人一開口就能讓所有人動起來？

•把周圍的人拉進來，讓所有人都能大顯身手

不管是哪個時代，工作都會集中在有能力的上班族手中。

而且不只是有大量的工作集中在他們身上，就連「怎麼想都不可能實現的任務」也會降臨在他們頭上。

即便如此，有能力的人也不會停下腳步。

簡直就像樂在其中，神采奕奕地主動攬下「不可能的任務」。

但問題不是光靠自己一個人就能解決的。

而是要先**搞清楚現況，將盤根錯節的問題用簡單明瞭的方式表達出來，這**

樣才能讓所有人理解問題的本質。

從現在所處的地點出發，勾勒出路徑，就能通往解決問題的快樂終點。而為了要沿著路徑順利前進，就是先釐清「誰」、「何時」、「該做什麼」才好。

如此一來，周遭的人也會共同參與其中，不只是自己，就連夥伴們也會一起大顯身手，等到回過神時，那看似不可能實現的工作，就在眾人的合力下完成了。

● 數字可以讓人動起來，一起做出成果

「用數字說話」其實也是跨越這些困難的秘訣。

什麼時候要做？要花多少費用？會產生什麼結果？有多少實現的可能性？像這樣用數字說話，就能產生共通的理解，要做的事也會清楚地浮上檯面。

如此一來，成功的可能性就提高了。

主動迎接挑戰，把許多人拉進來，一起解決「不可能的任務」，然後以領

隊的身分受到好評，之後就能被賦予更大的責任。

●「共通語言」還能打破部門的壁壘、國家的壁壘

我在ＧＥ集團[3]上班時也經常遇到「不可能的任務」。

ＧＥ是由發明王愛迪生[4]創辦的奇異電子公司，在 Apple 公司[5]獨領風騷前曾經是全球市值最大的公司，也曾經被譽為世上最強的公司。

我在那家集團企業旗下的 GE Healthcare Japan 股份有限公司，擔任亞太事業部的財務長。

平常要向幾十位外部業者尋求協助，才能成功導入的大規模系統，我幾乎只靠公司內部的員工就能搞定。我負責的這個專案名稱叫做「和聲」（harmony），其中所蘊含的想法是超越部門及國界、與所有人分工合作，以實現遠大的目標。

由於是整家公司的系統，所以不只ＩＴ部門，就連會計、物流、業務、人事等部門也都要派人參與，所以這個工作對所有人來說幾乎都是初體驗。

另一方面，每個成員也都有自己的工作，同時還要一起推動這個專案。而且這是全世界都在用的系統，所以包括韓國、新加坡、泰國、澳洲等地，亞洲各國也同時在推動。

除此之外，也還有歐洲、印度、中國等地的成員，每天都在線上與線下協助推動這個專案。當工作愈靠近終點，不只專案成員，就連整個事業部都加入了測試與會議。

要兼顧自己的工作，還得導入陌生的系統，與國內外的團隊合作，每天都會發生各種問題……「不可能的任務」有著數也數不清的難題。

專案的領導人來自我的部門，他為了進行結算，不僅要計算公司的營業額與獲利，還要跟海外的成員討論緊急發生的狀況，每天都忙得不可開交。

儘管如此，他依舊奮不顧身地主動迎向所有麻煩的狀況，回過神時，大家

3 奇異公司（General Electric Company，簡稱 GE），源自美國的跨國綜合企業，創立於一八九二年。

4 Thomas Edison，一八四七～一九三一，美國著名科學家、發明家、企業家、工程師，擁有眾多重要的發明專利。

5 Apple Inc.，創立於一九七六年，與亞馬遜、谷歌、微軟、Meta 並列為五大科技巨擘。

都被他神采奕奕的拚命精神，以及克服各種障礙的模樣所打動。不僅如此，他還會用「數字」這個共通語言來描述日期、預算、風險……等等，因此獲得了「跨國界」與「跨部門」的理解與幫助，促使大家一起完成了這個不可能的任務。

你是否也覺得「自己做不到」呢？

絕對沒有那回事！

「用數字說話」真的很簡單，只需要一點點技巧就好。

只要懂小學生的算數，你就能理解，你就能在工作上應用。

用數字說話的技巧 06

原本以為不可能達成的專案，也因為把周圍的人都拉進來而得以實現。

07「用數字說話」與環境或規模無關

●不只有世界級企業或大企業才能派上用場

當各位看到這裡，或許有人會覺得：「但終究只有大企業的領導者，或擅長數字的一小撮上班族才會『用數字說話』吧？」

答案是「NO」。對於營業額、獲利等目標數字很明確的公司來說，在這裡工作的上班族，懂得「用數字說話」確實非常重要。

但，不只是那樣而已。

以下就為各位介紹一個公司以外的案例。

●人口八千六百人的小鎮遭遇到的課題

買東西的時候，你會使用各種行動支付嗎？

我猜有很多人都會使用 PayPay、樂天 pay、au PAY 或 Suica、PASMO、Nanaco[6]等大規模的行動支付工具。

我住在北海道人口只有八千六百人的東川町，這裡的狀況有點不太一樣。客人來鎮上的商店光顧時，手裡拿的都是「東川通用卡」，這張卡俗稱 HUC，從小孩子到老年人，鎮上有近八成的人口都在使用。

在商店消費時，這張卡不只可以當成電子錢包，此外還可以參加義工或鎮上的活動，也可以用在體育館或文化中心，藉此賺取點數。

連在鎮上學日文的外國留學生也幾乎天天都在用。

繳納故鄉稅[7]的各位，造訪東川町時也可以透過這張卡獲得點數。

鎮上使用的對口商家超過了一百間，也為鎮上帶來了至少十億圓以上的經濟效益。

事實上，東川町的商店街在ＨＵＣ出現之前，就曾發行過集點卡。

然而，大部分的人基本上都不用。

當店家主動詢問：「請問有集點卡嗎？」即使身上有卡片也會回說：「好麻煩啊，不想用了。」

於是東川町找上我，委託我進行分析調查。

於是我善用數據，擬訂出對客人及商店雙方都有好處的計畫。我深信「只要鎮上導入這項支付工具，不只商店街，整個小鎮都會有相當大的變化」，只可惜遲遲無法讓其他人了解電子支付的原理。

而且，大家對集點卡都沒什麼信心了，這個想法自然也很難得到眾人的協助。

6 日本現下最常被使用的電子支付工具，多為知名的交通運輸業（Suica、PASMO）、電子通訊業（PayPay、au PAY）、線上與線下零售業（樂天pay、Nanaco）轉型投資，或與他社合資成立的電子支付公司。

7 居住在東京或大阪等大都市的民眾，可藉由「故鄉納稅」將稅金繳給其他縣，而接受捐贈的地方自治體，會根據捐贈的金額多寡，回贈納稅人各種禮品，並順勢推廣當地特產文化，宣傳地方特色。這是日本政府為了解決城鄉資源差異，希望活化偏遠鄉鎮的經濟而推出的制度。

在這樣的情況下，我必須對鎮長進行簡報。

因為集點卡的使用率真的非常低，所以我其實很擔心鎮長會說：「這一點都不切實際！」導致計畫胎死腹中。

●「只靠兩個數字」就創造出引領全國的DX（數位轉型）

沒想到超乎我的意料之外，鎮長竟說：

「太棒了！請務必讓全體鎮民都開始使用。」

緊接著鎮長的第二句話，就此改變了小鎮的未來。

「請在今年內推廣到兩百個場所，預算等各種問題，我一定全力支持。」

鎮長這句話只有兩個數字，那就是「今年內」和「兩百個場所」。

以如此簡單、明確的數字為目標，從商店街、公家機關開始，所有相關人士都動了起來，過沒多久，東川町就成了全國性的示範單位。

這正是「用數字說話」的範本。

●世界級企業和小鎮都有的「共通語言」

從GE奇異集團那種全球化的企業，到北海道東川町這樣的小鎮，兩者不只場所及規模不同，目標也不一樣。

世界級企業是以公司的成長與利益為目標，小鎮則是以居民的生活舒適度及創生為目標。

可以想見，世界級企業已經習慣「用數字說話」了，但在地方城市呢？或許各位會產生這樣的疑問。

引進HUC後，商店街及公家機關，也開始增加許多「用數字說話」的機會。

以前可能會因為沒有共識，或難以衡量活動的結果，而導致計畫胎死腹中。

但有了數字這個共通語言後，就能開始朝同一個方向進行溝通，為了創造更美好的未來，就要用具體的標準來作判斷。

換句話說，用數字說話等於是「具體地描述目標」、「告訴對方需要採取哪些行動」、「讓人動起來」。

這點不管是場所和規模、目的都不一樣的世界級企業還是小鎮都一樣。

想當然耳，不管你是在國內的企業上班，還是自己創業，都可以套用這一點。

不僅如此，靠著用數字說話而邁向成功的人絕對不只你一人。

你的工作夥伴及員工、同事也會成功。

話雖如此，光是羅列出一串深奧的數字也沒用。

從下一章開始，將傳授大家如何靠簡單的數字就能成功的技巧。

用數字說話的技巧 07

不管是世界級企業或地方小鎮，都必須看重如何「用數字說話」。

2

用數字説話的簡單技巧

「用數字說話」檢查列表能幫你搞清楚自己的優勢、要注意的地方

「你平常會用數字說話嗎？」

即使被問到這個問題，也很難判斷自己有沒有用數字說話。

因此請試著用簡單的列表來確認。

假設你要在以下的場合說話，請從下列的清單選出感覺「比較接近這個」的答案。

也可以請你的上司、部下或家人一起做做看。

「用數字說話」檢查列表

何時

1 提到一週的行程時

Ⓐ「這件事很急，那件事有時間再做，還有那個……」

Ⓑ「週一下午三點要去拜訪A先生、週四下午五點前要提出資料。」

2 覺得午餐很好吃時

Ⓐ「好好吃啊，下次還要再來。」

Ⓑ「真美味，下週末再跟家人一起來。」

3 被問到「今天幾點要完成工作？」的時候

Ⓐ「我打算盡快完成。」

Ⓑ「今天要在六點前結束。」

4 拜託別人工作時

Ⓐ「麻煩你有時間的話處理一下。」

Ⓑ「麻煩你在明天上午十一點前完成。」

5 別人拜託自己工作時

Ⓐ「了解，我會全力以赴。」

Ⓑ「今天下午五點前給你可以嗎？」

6 工作無法如期完成時

Ⓐ「不好意思，我會用最快的速度完成。」

Ⓑ「對不起，我最晚會在三十分鐘後搞定。」

7 想找主管或同事討論事情時

Ⓐ「我有點事想跟你商量。」

Ⓑ「可以給我五分鐘嗎？」

8 與老闆在電梯裡不期而遇，老闆問自己：「最近還好嗎？」的時候

Ⓐ「那個……最近很忙呢，但我已經盡了全力。」

Ⓑ「託您的福，一切都很好。這週可以給我十五分鐘向您報告嗎？」

多少

9 被問到今天帶了多少錢時

Ⓐ「呃，我沒帶多少錢。」

Ⓑ「我身上有兩萬五千圓。」

10 買東西或預估工作的進度時

Ⓐ「應該可以在預算內搞定。」
Ⓑ「總計為三十萬圓，再多也不會超過三十五萬。」

11 告訴對方自己有多少預算時
Ⓐ「交給你了，請幫我報個好價錢。」
Ⓑ「麻煩你在五十萬正負三萬圓的誤差範圍內搞定。」

12 提到自己的工作目標時
Ⓐ「我今年一定會全力以赴，為公司作出貢獻。」
Ⓑ「今年的目標是爭取到比去年多20%的合約。」

13 說話的重點是？
Ⓐ「這點非常重要……對對對，那也非常重要。」
Ⓑ「有三個重點，第一個是……」

14 被問到「需要多少？」時
Ⓐ「差不多這樣就好。」
Ⓑ「需要三個。」

15 有人請自己整理會議資料時
Ⓐ「了解。包在我身上。」
Ⓑ「整理成十二頁左右的資料可以嗎？」

16 要開始向群眾募資時
Ⓐ「沒錢了，來向群眾募資吧！總之要盡可能多籌一點錢。」
Ⓑ「向群眾募資個三十萬圓吧。」

幾%

17 被問到「明天的天氣如何？」時
Ⓐ「好像會下雨，但願下班時不要下雨。」
Ⓑ「下午三點以後的降雨機率為60%，所以要帶傘。」

18 被問到「昨天的工作如何？」時
Ⓐ「非常完美！」
Ⓑ「九十分，要是傍晚能約到客戶的話就一百分了。」

19 提到工作計畫或將來的話題時
Ⓐ「還不賴，大家都很拚命。」
Ⓑ「實現的可能性為75%，要是你願意幫忙，成功率將高達95%。」

20 被問到「這次的新產品如何？」時
Ⓐ「非常受歡迎，我大力推薦。」
Ⓑ「速度比以前的產品快了30%。」

21 被問到「客戶的反應如何？」時
Ⓐ「好極了，客戶非常感動。」
Ⓑ「對三百五十位客戶進行問卷調查，滿意度高達90%。」

22 說明人事考核時
Ⓐ「感覺再加把勁就能躋身甲等。」
Ⓑ「只要成績保持在同期中的前10%就能躋身甲等。」

23 討論明年的目標時
Ⓐ「明年也要全力以赴。」
Ⓑ「明年的業績要比今年提高20%。」

24 想強調便宜時
Ⓐ「變得非常便宜。」
Ⓑ「定價減少30%。」

結果

何時	【項目1～8】	Ⓐ 個	Ⓑ 個
多少	【項目9～16】	Ⓐ 個	Ⓑ 個
幾%	【項目17～24】	Ⓐ 個	Ⓑ 個
合計		Ⓐ 個	Ⓑ 個

首先請把Ⓑ加起來，就能知道你掌握多少「用數字說話」的能力。

●0～4：「用數字說話」還有100％的成長空間

你「用數字說話」的能力還有100％的成長空間，你一定能將這本書運用得淋漓盡致。

你是否隱隱覺得，自己總為「工作做不出成果」而煩惱？

請快速瀏覽一下第一章，就能了解「用數字說話的人」和「不用數字說話的人」到底有什麼不同。

然後再接著看第二章，了解那些令人在意的說話方式，看完後請立刻試著運用在你的工作上。

●5～9：偶爾會「用數字說話」的初學者

難不成你也對「用數字說話」感到棘手？

明明知道「用數字說話」很重要，卻無法往前跨出第一步。

不要緊，請拿出自信。

當你拿起了這本書，就已經朝著「用數字說話」的未來邁進了。

害怕數字，或是曾經「用數字說話」時犯過錯的人，這本書就是為了你而出版的作品。

看完第一章，再掌握住第二章的技巧，你就能快速降低「用數字說話」的門檻。

●10～14：其實經常「用數字說話」的中級者

即使自己沒有意識到，但你是會在工作上「用數字說話」的人。

光是稍微意識到「用數字說話」這件事，工作的表現就會截然不同。

請先迅速瀏覽一下第三章的「實踐篇」，重新檢視一下你「用數字說話」的場合與「沒有用數字說話」的場合。

接著再使用第二章的技巧，就能不費吹灰之力地精進「用數字說話」的能力。

這麼一來，你就能在工作上做出成果，提升自己的評價。

●15～19：非常會「用數字說話」的高手

你會「用數字說話」，具備所有「能幹的上班族」需要的技能。

可是周圍的人，是不是偶爾會說一些令你無法接受的話？例如，「不是正確無誤就好」，或是「不是什麼事都能用數字說清楚」。

這本書的主題，是將數字當成「共通語言」並能應用自如，因此也必須讓不用數字說話的人可以理解這樣的共通語言。

要如何讓不把「用數字說話」視為理所當然的人動起來呢？

只要能讓對方意識到第二章「用簡單的數字說話」、「何時、多少、幾%」，就很有效果了。

●20～24：隨時「用數字說話」的達人

你大概已經學會「用數字說話」，成為了能幹的上班族，並在第一線大展身手了，但我非常敬佩你不斷努力、向上提升的態度。

也請你用數字幫助身邊那些，因為「不用數字說話」而蒙受損失的人，留意到「用數字說話」的重要性。

第一章有助於理解「用數字說話」的好處。

第二章有助於培養「用數字說話」的簡單技巧。

與同事、部下溝通也要「用數字說話」，在團隊中也請善用「用數字說話」的技巧，這樣才能做出壓倒性的成果。

但願你具備的「用數字說話」的優勢，能幫助你發揮領袖風範，讓事業更上一層樓。

其次再來看你的「優勢」與「弱點」。

Ⓑ的數量多寡，意味著你的優勢與應該要注意的地方。

① 項目1～8「何時」

Ⓑ比較多的人

優勢：時間管理、行程管理、瞬間爆發力及持久力、生產力

Ⓑ比較少的人

要注意：經常遲到、加班、來不及趕上截止期限

②**項目9～16「多少」**

Ⓑ比較多的人

優勢：預算管理、討價還價的能力、具體性

Ⓑ比較少的人

要注意：容易跳樓大拍賣或訂價太高，導致商品或服務賣不出去、剩太多或庫存不夠

③**項目17～24「幾%」**

Ⓑ比較多的人

優勢：風險管理、危機處理力、柔軟性

Ⓑ比較少的人

要注意：無法因應突發狀況、有點憑運氣

如何？

這樣一來，你不只能看出平常有沒有「用數字說話」，也能知道自己會在什麼場合「用數字說話」，以及在職場上具有什麼優勢、要注意哪些地方。大可不必因為Ⓑ比較少，或有很多要注意的地方，就對自己感到失望。檢查列表不過只是現在的狀況。

接下來將為各位介紹「用數字說話」的技巧，能否掌握「用數字說話」的技巧，將對你能不能在工作上交出漂亮的成績單，造成非常大的影響。

那麼在進入「用數字說話」的三大重點「何時」、「多少」、「幾%」之前，先來介紹一個大原則：「用簡單的數字說話」。

08 用「簡單的數字」說話

●無法讓人三秒就想像出畫面的數字，可能會詞不達意

「利用烤俄羅斯餡餅[8]，讓世上的一億人露出笑容。」

「這種植物的蛋白質成分是牛奶的十倍。」

看到這兩句話，各位有什麼想法？

就算不相信，大概也只需要三秒，就會產生「好厲害」、「太神奇了吧」的印象。

8 皮羅什基（pirožki），東歐的一種餡餅，主要流行在烏克蘭、白俄羅斯和俄羅斯，經常當作早飯或點心食用。

以上是我從數字的策略層面，為服務對象提供的協助。

前者是位於函館市的小店，使用當地北海道的食材，專賣烤俄羅斯餡餅，這句話是小店老闆在簡報中列出的目標；後者所謂的植物，是一名來自孟加拉的研究生研究的「浮萍」，目的是為了解決故鄉的營養不良問題。

這些說話方式都可讓人在三秒內就產生印象，不只團隊，也打動了企業及行政單位等許多人的心。

簡單的數字容易讓人產生想像，並留下印象。

●「一」曾經是我換工作的關鍵

我也有過被「壓倒性的第一」這個簡單的數字打動，決定轉換跑道的經驗。

原本任職的公司長期占據業界第三名的寶座，因此被奇異集團賣掉，這也讓我深受「第一」的吸引。

當時我在奇異集團旗下的一個化學部門工作，專門處理矽膠產品的業務。

矽膠除了可以用來做洗髮精或柔軟劑，也可以用在半導體、汽車、建設或食品等社會上的各種層面。部門的業務持續成長，獲利率也很驚人，我在奇異集團中的地位宛如優等生。

然而，風向突然變了。

某天早上，老闆突然宣布：

「從今天起，我們不再隸屬於奇異集團，而是一家新的公司。」

當時我的腦中一片空白。

奇異集團是一家複合式企業，在世界各地開展了各式各樣的事業。

被譽為二十世紀最優秀經營者的傑克．威爾許[9]不只致力於事業成長，也接二連三地推動併購，亦即買下其他公司，其中也有簡單的數字作為衡量標準。

「奇異想成為全世界最有競爭力的企業，就必須在每一個市場都坐上第一

9 Jack Welch，一九三五～二〇二〇，美國企業家，於一九八一年至二〇〇一年擔任奇異第八任執行長。

或第二名的寶座。如果無望成為第一或第二名的事業，要不就盡力改善，要不就是賣掉，再不然就選擇關閉。」

無論擁有再美好的回憶、再輝煌的歷史，只要無法躋身前兩名，無法在競爭中脫穎而出的事業，都必須劃下句點。傑克以簡單的數字作為衡量標準，打造出全球最大的集團。

即便正在成長，就算利潤很高，衡量的標準都沒有例外。原本高居業界第三名的矽膠事業，因為奇異大規模的事業重整，就這樣賣給了一家美國的投資公司。

話雖如此，乍看之下並沒有什麼太大的變化，因為我還是坐在同一個辦公室裡，跟同一批人共事。

即使屈居業界第三名，公司仍然持續成長，獲利率也很高。身邊的同事都很好，我在公司的風評也還不錯，可望擁有穩定的未來。

時間就這麼過了一年半，有一天，奇異時代的前輩久違地打電話給我。

他介紹我與奇異醫療超音波部門的區域總經理見面，總經理竟然對我說：

「我們正在競爭業界第一跟第二的寶座，今後必將成為壓倒性的第一，因此需要對數字很拿手、能和我一起帶領團隊往前衝的夥伴。」

當時的我，事業上有十五位值得信賴的部下，工作表現也大獲好評，可望擁有穩定的未來。問題是，在業界的成績終究排名第三。

新的工作我只擁有一、兩名部下，我也沒有相關的經驗，完全看不到未來，但是，這個工作卻有可能成為壓倒性的第一。老實說，我真的非常猶豫。

結果，「壓倒性的第一」這個數字，用力地推了我一把。

我身為區域總經理的夥伴，擔任財務長的職位，我的工作絕非只是數字的管理和報告而已，還必須與世界各地的同事一起推動製造、物流、營業等相關專案，促使業務不斷成長。

此外還有一個成就，對全球的醫療產業帶來了巨大影響，那就是推出體積跟智慧型手機一樣大的超音波——Vscan。

轉換跑道後的第二年，我們終於實現了成為「壓倒性第一」的夢想。

●簡單的數字比較容易想像

由此可見，「一」這個數字在職場上非常具有威力。這是因為再也沒有比「一」更簡單的數字了。如同「第一」這個用字，「唯一」也令人怦然心動。

當然，能打動人的簡單數字不只有「一」。

舉例來說，「一百」也很簡單。像是百圓商品、限量一百台、百分百安心……一百這個數字也很容易想像。另外，就像百科全書或百人之力，不僅簡單易懂，也能給人留下強烈的印象。**大家都以為，商場上需要正確的數字、詳細的數字，但其實也有很多情況並非如此。**

詳情將在下一個小節為各位說明。

用數字說話的技巧 08

利用簡單數字背後具有的意象，很容易就能打動人心。

3秒就讓人產生印象、打動人心

讓1億人
露出笑容！
蛋白質是
牛奶的10倍！

簡單又容易讓人印象深刻的說話方式

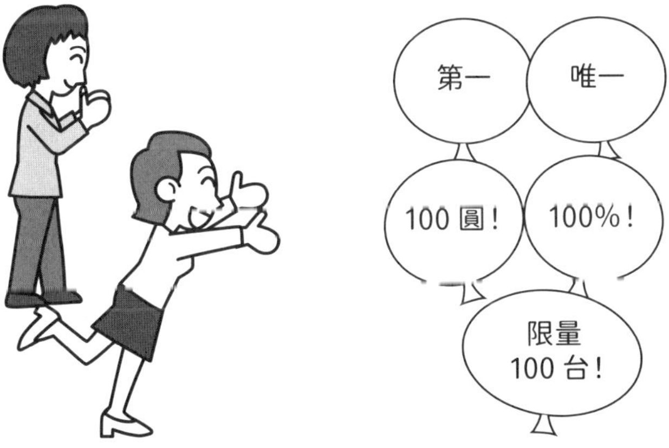
第一
唯一
100圓！
100%！
限量
100台！

「1」及「100」是強而有力又扣人心弦的數字

09 用數字說話只要掌握三個重點就行了

●只要掌握「何時」、「多少」、「幾%」，就能讓對方動起來

職場上千奇百怪的事都可以數值化，但也不是什麼事都可以不管三七二十一地變成數字。

因為**增加的數字愈多，可供判斷的材料就愈多，對方也愈容易感到混亂**。

這時可以利用前一節說的，「用簡單的數字來說話」作表達。

「用數字說話」的目的是為了讓對方動起來。

因此**重點在於只說必要的數字**。

也就是「何時」（時間）、「多少」（金錢和數量）、「幾%」（可能性）。

只要說出這三點，對方就能從「行動」或「不行動」中作出選擇。

●對方比較容易下判斷

舉例來說，為了申請預算，向主管報告預估的營業收入時——

「請您批准兩週後（何時）的十五萬圓出差費（多少）。這次出差可望在十一月（何時）前，達成銷售目標營業額一千五百萬圓（多少）的九成（幾%）。」

向同事請求協助時——

「請在今天五點（何時）前幫我檢查五十件（多少）數據，如果沒有你的協助，我百分之百（幾%）一定會遭到客訴。」

向客戶提出促銷方案時——

「如果本週（何時）下單，這項新商品可以打七折，變成七百萬圓（多少）。不過，B公司也正在檢討要不要下單，順利的話，我預估能收到八成（幾%）的訂單。因此接到B公司的訂單後，我們就會調回原價。」

這樣的說話方式，對方就會知道自己該在何時、做出什麼樣的行動，並了解有幾%的成果達成率。

當行動與否有了比較的依據，對方就能作出判斷。

不過，如果平常沒在「用數字說話」，或是沒有養成「用數字說話」的習慣，就很難用簡單的數字作表達。

接下來我要告訴大家，如何「何時」、「多少」、「幾%」轉換成數字的技巧。

用數字說話的技巧 09

數字太多反而會招致混亂，請聚焦「何時」、「多少」、「幾%」來說明即可。

只要能用數字說明「何時」、「多少」、「幾%」就行了！

數字太多反而會招致混亂

28079
12
1250
50174
701587
4815745
3589
3241

請您批准兩週後（何時）的十五萬圓出差費（多少）。這次出差可望在十一月（何時）前，達成銷售目標營業額一千五百萬圓（多少）的九成（幾%）。

只要了解何時（時間）、多少（金錢和數量）、幾%（可能性），對方就會動起來！

10 對工作造成干擾的「一點」跟「盡快」

●「一點」是對工作造成干擾的第一個用字

光是把「時間」換成數字，就能減少主管的焦慮不安，也能減少你的加班時數，還能減少時間的無謂浪費，提升工作的成果。

你想找主管商量時，是不是都會這麼說：

「不好意思，○○先生，**可以耽誤你一點時間嗎？**」

這句話藏著干擾你工作最糟糕的詞彙。

沒錯，就是**「一點」**。

反過來，如果有人問你：「可以耽誤你一點時間嗎？」你會怎麼回答？

如果是五分鐘左右，還可以放下手邊緊急的工作，但如果是兩個小時呢？

你的「一點」是多久？
是三十秒、十五分鐘，還是三個小時呢？

「用數字說話」的第一步，就是把時間換成數字。

因為時間是職場上最重要的東西。
也是地球上全人類都平等擁有的物品。
無論是職場上多麼成功的人，一天也不可能擁有二十五個小時。
因此在所有的數字中，時間特別容易變成彼此的「共通語言」。

●「可以給我一點時間嗎？」的換句話說

只要換成你腦海中浮現的時間就行了。
「不好意思，○○先生，可以耽誤你十五分鐘嗎？」
反之，如果有人問你：「可以耽誤你一點時間嗎？」你該怎麼回答才好？
很簡單，只要像這樣換成數字來回答就行了。

「好的，我可以給你十五分鐘。」

可以的話，再加上只能給對方十五分鐘的理由，會讓你的回答更有說服力。

「我三點要跟客戶開線上會議，所以只能給你十五分鐘。」

●「盡快」是對工作造成干擾的第二個用字

「盡快」（盡可能快一點）是僅次於「一點」對工作造成干擾的用字。

即使出發點是顧慮到對方很忙，想故意模糊完成時間，但這樣對誰都沒有好處。

從明天起，請把「△△先生，這份報告麻煩你盡快完成」換成以下的說法：

「△△先生，麻煩你在本週五上午十點前完成這份報告。」

要是顧慮對方的情緒，不妨再加上這句話：

「我知道你還有別的工作要忙，如果本週五要交報告有困難，請問什麼時候方便呢？」

相反地，如果有人要你「盡快」。

不妨用下列的方式，將「盡快」換成數字。

「〇〇先生，我明白了，明天十一點給你可以嗎？」

● 將時間置換成數字，可以減少三件事

將時間置換成數字，可以減少以下三件事：

① 主管的焦慮不安

主管是體恤你才說「盡快」，卻可能因此讓自己的主管或客戶等候多時。他可能一邊在意著你何時才能交報告，一邊祈禱著主管或客戶不要來催促。所以，光用數字來說明預計完成的時間，就能減少主管的焦慮不安。

② 你的加班時數

明明還有其他更緊急的工作，但因為是主管交辦的事項，不得不勉強自己加班趕工。

結果第二天一早提出資料時，如果主管跟你說：「其實一週後再給我就好。」你不覺得自己像是被整了嗎？

所以，先用數字確認完成時間，就能減少你的加班時數。

③時間的無謂浪費

「可以來一下嗎？」被主管叫到小房間，主管卻一直東拉西扯，遲遲不切入正題，還反覆說著「這麼說來」、「對了對了」，只有時間不斷流逝。

如果能事先確認幾分鐘內要結束會議，你就能專心討論真正的重點。

由此可知，用數字將「何時」說清楚，就能提升你的工作成果。

用數字說話的技巧 10

只要把時間換成數字，就能減少焦慮不安、加班時數，以及時間的浪費。

用明確的數字交代時間，是「用數字說話」的第一步

可以耽誤你一點時間嗎？
（不知道要花上多久）
如果只是一點時間的話……
（五分鐘左右嗎？）
結果花了2小時……
對「一點」的認知因人而異！
換成數字
可以耽誤你15分鐘嗎？
15分鐘沒問題！
可以麻煩一下嗎？
下午3點要開會，15分鐘沒問題！

把時間換成數字可以減少3件事

①主管的焦慮不安

②你的加班時數

③時間的無謂浪費

11 無法清楚說出「多少」的上班族就得不到理想結果

●不知道「多少」，什麼都無法開始

只要能用數字明確指出「多少」，收入就會顯著提升。

顧客如果不知道「多少」就不會買單。

反之，只要明確說明「多少」，對方就能安心消費。

你也能把商品或服務賣給對你有高度評價的人，藉此提升收入。

●「多少」所表現出的安全感

假設你明天要跟客戶談很重要的事。

電腦卻突然打不開。

你感到束手無策，連忙找了A、B兩家修理業者，緊急打電話給對方。

如果兩家除了報價，其他的條件都一樣，你會選哪一家？

A「看狀況。」

B「五萬圓。」

如果你很急，肯定是後者吧。

就算覺得「好像有點貴」，也會因為價格透明，可以放心地委託對方。

或許A其實比較便宜，但此刻的你沒有時間討價還價。

又過了一天，假設你想買台新電腦，跑去電器行詢價，價格清楚寫著八萬八千圓——這種做法對店家來說，是再理所當然不過的事。

但這樣的「理所當然」如果換到職場上，卻意外地不是這麼一回事。

你身邊有這樣的人嗎？

◆當客人詢問價格，回答：「配合您的預算。」
◆當部下詢問明年的業績目標，回答：「大家盡最大努力吧。」

聽到這種回答，對方的反應不外乎以下兩種：

①不知道「多少」，所以乾脆不做。
②以自己的方式解讀，打算選「最便宜」的買或採取最輕鬆的方式。

不論哪種反應，不用數字說話的你，都別想得到理想的結果。
正如我說過的，數字是一種「共通語言」。
反過來說，**要是沒有數字，就無法與對方建立共同點。**

用數字說話的技巧 11

明確說出「多少」就能抓住商機。

12 用數字說明「多少」的技巧

●不用數字說明「多少」是非常危險的一件事

說明「多少」明明是理所當然的事，為什麼卻沒有被理所當然地運用呢？因為我們的周遭已充滿了無數的「多少」，但這些「多少」都不是你自己決定的。

不管是去店裡買東西，還是上網購物，價格都被決定好了。即使是公司販售的商品，價格也是由主管或其他部門決定的。數量也都定好了，所以，你就算不用數字說話也沒問題。

不用思考「多少」這件事真的是太輕鬆了。

因為你只要用「決定好的價格、賣出決定好的數量」就行了。
但在商場上這樣的觀念其實非常危險。
一旦無法因應新的狀況，就非常容易錯失良機。
因為對方會用對自己有利的方式決定價格、數量。
結果損失的不是別人，而是你自己。

●第一步是了解「對方的期待與自己不同」

為什麼用數字說明「多少」那麼困難呢？
說穿了，最主要的原因是擔心：萬一不符合對方的期待該怎麼辦？
萬一不符合客戶的期待……萬一不符合主管的期待……
我非常明白你在擔心什麼。
我辭職後自己出來開顧問公司時，擔心客戶會覺得「好貴！」，不敢在網站上放價目表的不是別人，正是我自己。
但現在的我，已經能把價目表白紙黑字、清楚地放在網站上了。

如果不願明確說出你的「多少」，受到的損失肯定比得到的利益更多。

●「共通語言」也具有釐清認知差距的作用

擔心「萬一不符合對方期待該怎麼辦」的人，我敢斬釘截鐵地告訴你──你的「多少」與對方的「多少」**不一樣，是再正常不過的事**。

身為共通語言，「用數字說話」的目的不只是全面配合對方而已。**明確理解你與對方的差異，也是「共通語言」的目的。**

請想像一下天秤的模樣。

一邊是你的工作或商品，另一邊是對方支付的金額。

當兩者達到平衡，交易才會成立。

事情沒有這麼難。

假設你去國外旅行，與當地賣紀念品的店家討價還價。

看著手中的紀念品，上面的標價寫著一百美元，你說：「三十美元的話我就買。」

「至少也要八十美元。」「不，五十美元。」「六十五美元。」「好，那就六十五美元。」

你們各自提出不同的金額進行交涉，慢慢靠近彼此的期望值，很快就達到了一致的數字，這樣的交易才算成立。

●只要採用「對自己有利的價目表」，說明「多少」就會很簡單

要把自己決定好的「多少」說出來，一開始多少都會有所抗拒。

尤其是價格，「萬一對方覺得很貴怎麼辦？」這種事特別教人抗拒。

這種時候，我強烈建議採用「對自己有利的價目表」。

也就是說，不是由你自己決定「多少」，而是借助於對自己有利的數字。

◆如果是商品的價格，可以參考大家都知道的大企業零售價。

◆如果是部門的業績目標，可以參考全公司的成長率或對手的營業額。

◆如果想對自己的工作價值清楚定價，可以參考委外的費用。

想要消除用數字說明「多少」時心中的抗拒感，你可以這樣做——

「五萬圓。〇〇公司也有價格類似的商品，但敝社的品質更好。」

「明年的業績目標是三億圓。目標是超越競爭對手B公司，成為業界第一。」

「我的工作有五千萬圓的價值。若委託其他公司來做，至少要花一億圓。」

當你習慣之後，還可以讓自己的價值，具有加乘的效果。

這裡還有一個重點，那就是：**不要借助「便宜的價目表」**。

價目表就是定價。

報價一般只會比定價便宜，不會比定價更高。

要對自己有信心，勇敢地用數字說出心中的「多少」。

一旦自己的價值提升了，就要更具自信地連同價格也一併提高。

千萬不要放棄用數字說話，直接把「多少」的判斷交給對方。

當你能用數字說明「多少」以及自我的價值時，就能找到那個與價格相符的自己。

了解到你真正的價值，需要你的客戶就會主動送上門來，業績與收入也會一併增加。

用數字說話的技巧 12

對「多少」的認識有落差也沒關係，重點在於提出明確的價格。

只要用數字說明「多少」就能抓住商機

萬一客戶覺得太貴怎麼辦？
別放上價目表好了……
萬一不符合對方的期待怎麼辦？
與○○公司一樣都是五萬圓，但品質比較好！
客戶
客戶
● 不知道「多少」，所以不會交易
● 朝著自己有利的方向解釋，打算用最便宜的價格購買
● 清楚知道「多少」，所以能放心交易
● 因為有數字，能朝彼此的期待靠近

使用數字這個「共通語言」來彌補與對方之間的鴻溝

工作
商品
對方支付的金額

爲了讓上面的天秤取得平衡，就要先搞清楚差距

13 如果害怕說錯，可以用百分比

●百分比能賦予資訊價值

只要能以「幾%」具象地說明成功的可能性，就不會再抗拒「用數字說話」。

因為就算說錯百分比也沒關係。

就算比率不完全正確也無妨，因為跟不用數字說話相比，「用數字說話」能提供的資訊更有價值。

例如在重要的會議上聽到：

「去年敝社的獲利率為17.6%。」

「經由市場調查，發現顧客對商品的滿意度是75%。」

明確的數字，就會讓人覺得：「原來如此，是這樣啊。」

●未來的百分比就算說錯也無所謂

解讀未來的百分比其實不過是種可能性而已。

所以就算說錯了也無所謂。

舉例來說，假如主管問你：「能跟今天要去拜訪的客戶順利簽約嗎？」

請不要回答：「應該有機會。」

而是該回答：「我想應該有75％的機率能簽訂合約。」

就算無法如願簽下合約，但再做25％的努力就能實現。

與其毫無根據地說「應該有機會」，這樣回答，反而比較不會讓主管對你留下不好的印象。

● 事先掌握百分比的標準

一開始只要用你粗略的感覺來判斷就好。

反覆使用百分比說話的過程中，準確性就會慢慢提升。

話雖如此，突然想用百分比來大膽預言，其實一點都不容易。

此時可參考以下的使用標準：

◆ 120％ 絕對沒問題，想表現自信時使用
◆ 95％ 幾乎沒問題（有一部分不確定因素）
◆ 75％ 沒問題的機率相當高
◆ 50％ 無法判斷（最好別這麼說）
◆ 30％ 有點難，但還是有可能
◆ 5％ 幾乎不可能

想當然耳，你也可以有一套自己的標準，但要特別注意的是——

盡量不要用100％、50％、0％這種整數。因為，過於篤定的數字可能無法達成。請以便利與簡單為優先判斷的原則。

●不正確也應該用百分比來說明的原因

為什麼就算百分比不完全正確也沒關係？

以下是三個會使用百分比來說明的理由：

①創造你與對方的共通語言（共通的認知）。

②可以提高成功的可能性，或能得到協助，以降低失敗的可能性。

③當結果出乎意料時，可以推想原因是什麼，以提升下次用百分比說明時的準確度。

由此可知，用百分比來說明可以降低「用數字說話」的門檻。

此外還能創造與對方的共通語言，並獲得協助、提升信賴。

用數字說話的技巧 13

就算百分比出錯也沒關係，請養成用「幾%」來說明的習慣。

就算說錯百分比也無所謂！

能與今天去拜訪的客戶簽約嗎？
應該沒問題！
或許吧……
機率大概有這麼高……
我想應該有75%的機率能簽約
應該沒問題根本沒有回答到我的問題！
對不起
本來就有25%失敗的機率，下次再努力吧
好的！

主管對你的印象變差

主管對你的印象不會變差

擁有百分比的標準

120%→絕對沒問題！
95%→幾乎沒問題！
75%→沒問題的機率相當高
30%→有點難，但還是有可能
5%→幾乎不可能
50%→無法判斷（最好別這麼說）

14 用肉眼可見的數字來說明「目標」

●「總有一天年收入要變成現在的兩倍」與「三年後年收入一千萬圓」，哪個能實現？

只要「用數字說明」未來的目標就能實現。

這是因為，用數字描述理想的未來，可以讓人看見具體的路徑。

路徑一旦具體呈現，就能從目前的位置踏出「第一步」。

不只你，就連其他人也會動起來，還能得到他們的協助，並朝著目標更近一步。

假設你現在的年收入為四百萬圓。

以下何者實現的可能性比較高？

A「總有一天，年收入要變成現在的兩倍。」

B「三年後的年收入要達到一千萬圓。」

兩者都陳述了對未來的希望。

如果能像A那樣年收入翻倍，一定會很高興吧。

可以買更大的房子，也可以投資未來，還能去海外旅行。

但這就跟說「自己中樂透會很高興」的感覺差不多。

因為A沒有用數字說話。

「總有一天」的那天，永遠也不會到來。

所以當然B實現的可能性比較高。

就算B的目標比A還要高也絕無例外。

「三年後的年收入要達到一千萬圓。」

這是「用數字說明」未來的目標。

●「用數字說話」的未來，是帶我們最快抵達目的地的地圖

平常在用 Google 地圖時，我們都不會想太多。
當我們不能用的時候，才會意識到 Google 地圖的便利性。
像是在初次前往的旅途上迷路時。
手機偏偏就在這一刻沒電了，無法使用 Google 地圖。
你束手無策，四下張望，只能憑直覺往前走。
即使與同行的朋友討論，大家也各執己見，無法達成共識，氣氛變得很尷尬。
結果花了比預期多兩倍的時間才抵達目的地。
工作上也一樣。

不曉得接下來會發生什麼事、該怎麼走到目的地。

但也不能因為看不見未來就停下腳步。

即使內心充滿不安，也必須繼續往未來前進。

或許憑直覺前進會迷失方向也說不定。

工作上也有像 Google 地圖這種顯示路徑的東西。

那就是「用數字說明未來的目標」。

先自由地描繪想實現的大團圓結局，然後再用數字來說明。

●倒推回來，踏出第一步

是要畏懼目前殘酷的現實而裹足不前？還是從美好的未來倒推回來，勇敢地踏出第一步？

當你在描繪美好的未來時，可能有人會潑你冷水：

「看清現實吧，不可能實現的。」

但真的是那樣嗎？

那個人或許只是不知如何描繪美好的未來而已。

想像力因人而異。

有人能源源不絕地湧出對未來的想像，也有人連明天會怎麼樣都不知道。

你是哪一種人呢？

想像力不同的人很難互相理解。

但就算是這樣，還是有一種可以溝通的共通語言，那就是「數字」。

不妨先用數字來闡述未來的目標。

第三章將教各位如何仔細地設定目標。

用數字說話的技巧 14

用數字闡述未來的目標，就能不怕迷路地踏出第一步。

15 也要用數字說明「目前的位置」

●搞清楚目前的位置，就能看見與目的地的差距

Google 地圖會幫我們自動輸入，所以平常都不會意識到，其實還需要一樣資料，那就是**「目前的位置」**。

「目前的位置」也要用數字來說明。

分別輸入目的地（終點）與目前的位置，Google 地圖就會告訴我們距離與時間。

同樣地，「用數字說明」未來的目的地與目前的位置後，就能看出目前的位置與未來的目的地之間，差距有多少、該採取什麼行動。

●掌握差距與行動的兩個公式

以下為各位介紹兩個非常簡單又有效的公式。
第一個是：**「目的地－目前的位置＝差距」**。
第二個是：**「差距＝行動①＋行動②＋行動③……」**
以年收入為例來說明，公式如下所示：

第一個是「三年後的年收入為一千萬圓（目的地）」－「現在的年收入為四百萬圓（目前的位置）」＝「三年內要增加六百萬圓的年收入（差距）」。

第二個則是「三年內要增加六百萬圓的年收入（差距）」＝「第一年取得證照，爭取一百萬圓證照津貼（行動①）」＋「第二年換工作，加薪三百萬圓（行動②）」＋「第三年升職，再加薪兩百萬圓（行動③）」的感覺。第二個公式可以依照各自的行動做出無數的排列組合。

這樣的增加幅度實在太一廂情願了，或許會讓人忍不住笑出來。

可是，正因為用數字說明了三年後一千萬圓這種未來的目標，所以清楚看出了與目前的位置的差距，才能自信十足地踏出通往終點的第一步。

●就算只是一小步也沒關係，請立即採取行動

重點在於**第一步不要跨得太大步**。

「一小步」是我常在諮詢時或座談會上不斷傳遞的觀念。

就像嬰兒的一小步那樣，不費吹灰之力就能輕易達成。

再怎麼簡單的事都可以，請答應我，一定要在二十四小時內付諸實行。

如果目標是三年後的年收入要增加到一千萬圓，或是要在第一年考取證照，那麼在二十四小時內，你能做些什麼呢？

好比說，上 Amazon 搜尋考取證照的書籍、上網看函授的網站。

這根本不用花上二十四個小時，你只要五分鐘就能完成了，這樣的第一步真的非常重要。

只要用數字說明目標，並踏出第一步，就相當於有八成機率一定會成功。

接下來再交給 Google 地圖，找出最短的路徑，然後走向目的地就行了。

用數字說話的技巧 15

掌握目的地與目前位置的差距，就能知道自己該採取什麼行動。

只要用數字說明「目的地」與「目前的位置」，就能採取必要的行動

一旦「目的地」與「目前的位置」變得明確，就能走在正確的路線上

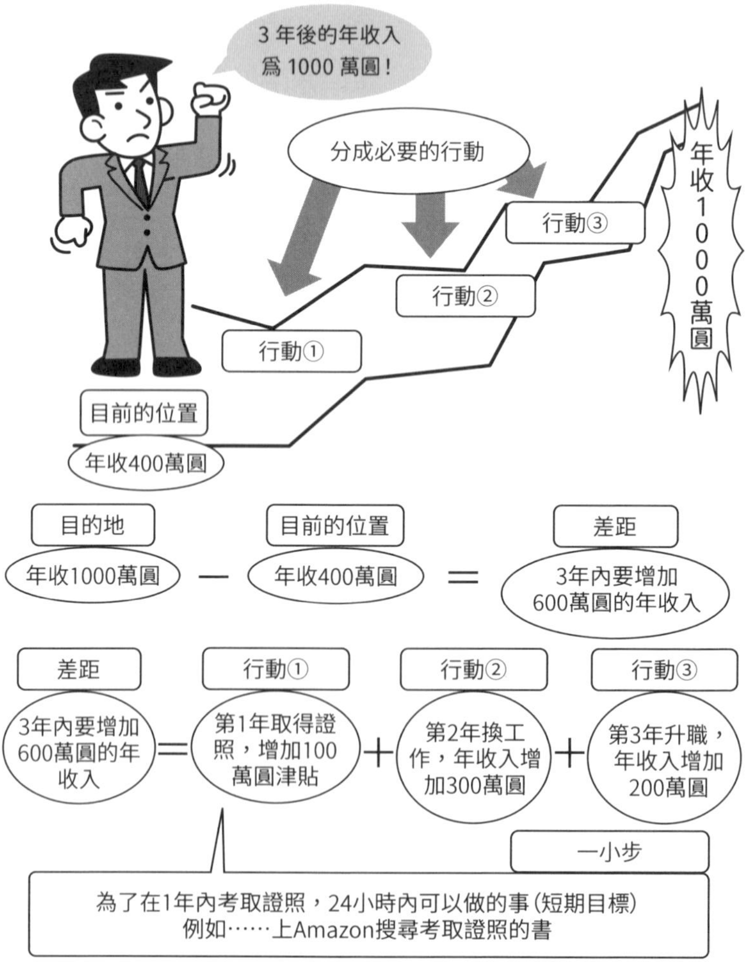
3 年後的年收入爲 1000 萬圓！
分成必要的行動
行動①
行動②
行動③
年收1000萬圓
目前的位置
年收400萬圓
目的地
年收1000萬圓
－
目前的位置
年收400萬圓
＝
差距
3年內要增加600萬圓的年收入
差距
3年內要增加600萬圓的年收入
＝
行動①
第1年取得證照，增加100萬圓津貼
＋
行動②
第2年換工作，年收入增加300萬圓
＋
行動③
第3年升職，年收入增加200萬圓
一小步
為了在1年內考取證照，24小時內可以做的事（短期目標）
例如……上Amazon搜尋考取證照的書

3

用數字說話，藉此得到公司內部的信賴

16 如果不用數字說話，工作永遠做不完

●為什麼永遠那麼忙？

A「今天也要加班，不曉得幾點才能回家。平常已經忙得焦頭爛額了，還被交代緊急的工作。」

B「今天要在六點半以前搞定工作，參加晚上七點的歡迎會。有十件緊急的工作，只要今天能完成80%就行了。」

各位身邊是否也有像A先生這樣，總是忙得不可開交的人？

說不定你自己就是這樣的人。

非常有責任感，拚命想完成大量的工作。

可是，**如果你工作到三更半夜的原因是出在你的說話方式上呢？**

像B先生那樣說話，才能早點完成工作。

因為「要在六點半以前搞定工作」，就是在用數字說明「何時」的做法。

或許各位會覺得：這不是廢話嗎？

然而，用數字斬釘截鐵地指出「六點半」，明確指出工作量及先後順序，就是為了能在六點半完成工作。

而且對話B裡不只說出了「何時」，也同時指出「多少」、「幾％」。只要用數字說明「多少」（十件）和「幾％」（80％），就能清楚看出今天的目標，這樣就能提升工作的專注力。

●三個有助於完成工作的步驟

實際的做法是下列三個步驟：

①告訴家人或同事「今天六點半就要下班」，或是插入不能改時間的行程，

例如：學才藝或參加讀書會……等等。

②寫下自己該做的工作，安排先後順序及各自需要的時間（例：花九十分鐘準備資料、先從B開始做……等等）。

③決定工作清單中第一順位的20％和不重要的20％，然後下定決心，一定要在今天內完成第一順位的20％，同時也絕對不做不重要的20％。

●硬生生地插入行程，製造抑揚頓挫

我剛從大學畢業時，A就是我在商社上班時的工作模式。

當時很流行「能持續戰鬥二十四小時嗎？」的提神飲料廣告，我也認為每天工作到三更半夜是理所當然的事。

初次派駐海外，在抵達香港的第一天，我才知道我錯了。

前輩交接給我的工作量非常驚人，每天早上要處理兩百件與銀行交易的業務，並與絡繹不絕的當地員工不斷討論工作。下午則要穿過海底隧道[10]，去位於摩天大樓的銀行開會，再回辦公室整理資料，準備明天的交易。

如此這般，與前輩的交接持續了一整個月。

明明工作量多到無法想像，每天還有各式各樣的歡迎會及送別會，所以六點半就要離開辦公室，七點開始喝酒，在在令我印象深刻。

後來前輩回國了，留下我一個人，但我實在無法成為像他那種「能幹的上班族」。

早上七點就要進辦公室，光是處理完緊急的工作，回過神時已經晚上十一點了。

再這樣下去身體實在撐不住，所以我找前輩商量。

而前輩的建議卻非常簡潔有力。

「難得有機會來香港，不能只是工作喔，傍晚或週末要不要安排點什麼行程？」

於是我報名了英文課，應派駐香港的前輩之邀開始踢足球，或是去戶外烤

10 香港計有四條跨海隧道，包括連接維港的紅磡海底隧道（紅隧）、東區海底隧道（東隧）、西區海底隧道（西隧），以及橫跨屯門和赤鱲角的「屯赤隧道」。

肉，硬是安排了很多行程。

為了趕行程，在為工作製造抑揚頓挫的同時，總算能在太陽還沒下山的時間回家，過回像個人的生活。

只要像這樣明確地指出「何時」要下班，就能看見下班前必須完成的工作量及先後順序，並早點回家。

用數字說話的技巧 16

明確地設定下班時間，就能清楚看見必須完成的工作量及先後順序。

只要用數字說話，就能循序漸進地搞定工作！

忙死了……
又要加班了
幾點才能回家啊

爲了準時下班要先……
6點半要下班！

不知道工作的全貌和路線，沒完沒了地加班

明確設定下班時間，就能釐清工作量及先後順序！

爲了完成工作的3步驟

①決定好下班時間，昭告天下or在下班後插入不可以改時間的行程

我晚上7點要去參加座談會，所以6點半就要下班！

②列出自己該做的事，安排所需時間與先後順序

○○ 45分 優先度A
△△ 90分 優先度
□□ 15分 ……

③從清單中選出20%排在第一順位的工作在今天完成，20%不重要的工作則完全不做

優先度 S
優先度 A
優先度 E
優先度 F
今天就要完成！
今天絕對不做！

17 只要用數字說話，就能將說明時間縮短至不到十分之一

●只表達對方真正想知道的事、必須知道的事

泰國工廠的生產比計畫慢了許多。

而且距離期末只剩下兩週了。

部長問你：「現在是什麼情況？」你該怎麼回答比較好？

A「雖然晚了點，還是能照原定計畫生產。負責人說沒問題，所以請不用擔心。」

B「產量會比當初的計畫少一百公斤，這段期間預估能生產四百公斤。再兩個月就能追上原定計畫的產量。」

用數字說明，就能毫不費力地在最短的時間內用最快的速度讓對方知道。這是因為數字能先告知對方想知道的部分，簡單地表達對方需要知道的事。說到這裡，各位可能會覺得這不是廢話嗎？可是有很多人連這種「廢話」都做不到。

●「何時」、「多少」、「幾%」能解決九成的疑問

以這種情況來說，部長到底想知道什麼呢？

首先是「現在的產量」。截至目前實際生產了多少？

其次是「未來的產量」。也就是只剩兩週的時間能生產多少？以及，要花多長的時間才能追上原定計畫的產量？

再來就是「可能性」。目前的預估有多少實現的可能性？

除此之外，大概也想知道為什麼會延遲及該怎麼因應吧，但**部長最想知道的還是「何時」、「多少」、「幾%」**。

當部長將「現在是什麼情況？」的疑問具體化之後，就會提出以下幾個問題：

「現在的產量有多少？」

「還剩兩週，能生產多少？」

「什麼時候才能追上計畫的產量？」

「目前的預估有多少（幾％）實現的可能性呢？」

也就是說，只要像B那樣用數字說明「何時」、「多少」、「幾％」，就能回答部長九成的疑問。

這種方式不只是對工廠，在辦公室向主管報告時也一樣。

「現在的營業收入是兩千萬圓，預估未來三週能完成剩下的一千萬圓營業額，達成三千萬圓的計畫，而完成剩下一千萬圓的營業額的機率預估有75％。」

「目前的客戶人數為三百人，只要目前的申購速度能持續下去，大概再過三天就能補足剩下的一百人，達成四百人的目標，達成95％應該沒問題。」

●「沒問題」招致的慘劇

實不相瞞，我曾經說出A這種話，導致多花了將近七千倍的時間。

雖然主管詢問多次，但泰國的同事都說「沒問題」。

吃完午餐，在東京總公司上班的主管對同在辦公室裡的我說：「這不可能沒問題，再這樣下去可能會出大亂子。」

「你回家拿護照，我陪你一起去泰國。」

接下來的兩週，我們都在泰國的工廠裡為了調查情況與解決問題疲於奔命。

因為沒有用數字說明，結果多花了不只十倍的時間。

三分鐘就能搞定的說明，結果卻花了兩週，也就是多達七千倍的時間。

由此可知，只要以「何時」、「多少」、「幾％」掐頭去尾地說明對方想知道的事，說明時間就能縮短到十分之一以下。

這不只能節省你的時間，也能避免浪費主管或周圍的人的時間，還能增加大家對你的信賴。

問題是，泰國的同事真的像他說的A那樣，堅信沒問題嗎？

現在回想起來，我猜他其實知道有問題。

但知道歸知道，卻又提不起勇氣向主管報告壞消息。

然而愈是壞的消息愈要趁早報告，這點非常重要。

因此接下來要介紹的是，藉由「用數字說話」將壞消息化為轉機的方法。

用數字說話的技巧 17

只表達對方想知道的情報就能減少說明時間，還能讓對方更信賴自己。

簡單扼要地只說必要的事！

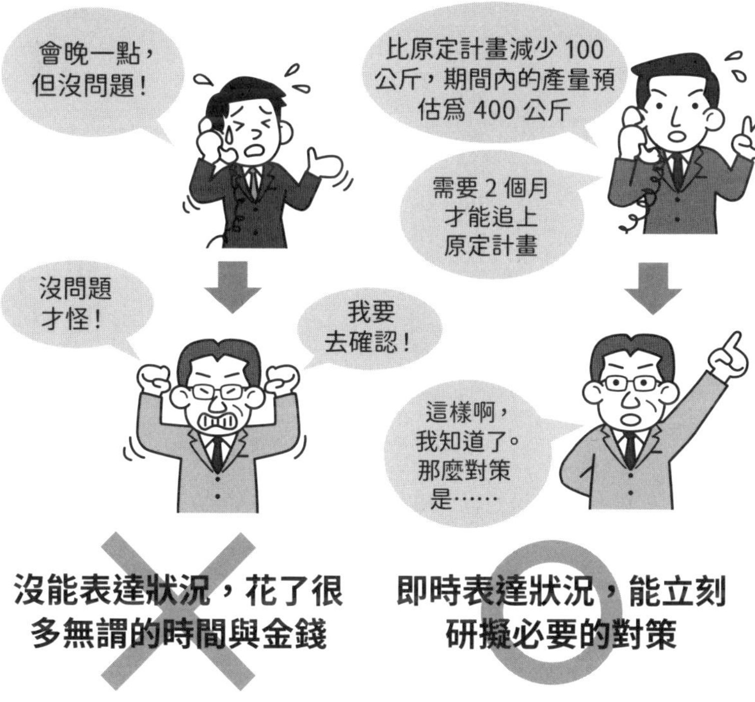

會晚一點，但沒問題！
比原定計畫減少 100 公斤，期間內的產量預估為 400 公斤
需要 2 個月才能追上原定計畫
沒問題才怪！
我要去確認！
這樣啊，我知道了。那麼對策是……
沒能表達狀況，花了很多無謂的時間與金錢
即時表達狀況，能立刻研擬必要的對策

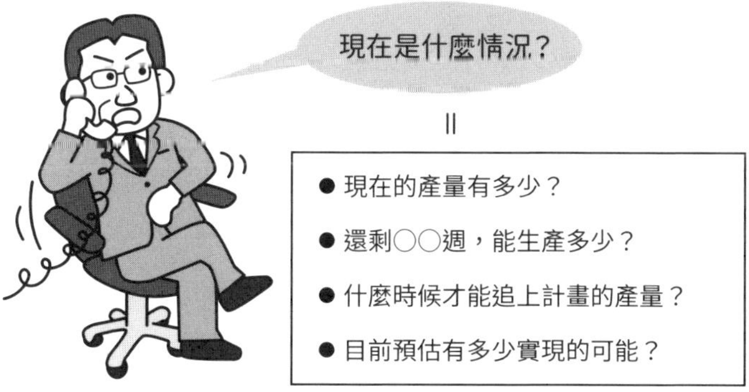

現在是什麼情況？
‖
● 現在的產量有多少？
● 還剩○○週，能生產多少？
● 什麼時候才能追上計畫的產量？
● 目前預估有多少實現的可能？

18 用數字報告壞消息，主管非但不會生氣，還會站在自己這邊

●愈是壞消息，愈要迅速報告

A「糟了！客戶說如果不打對折就要取消訂單。」

B「客戶提出降價的要求。請批准這次將一百萬圓降至五十萬圓。就算是中古的商品也沒關係，所以降價之後依舊能確保有三十萬圓的獲利。」

請**「迅速」**、**「誠實」**、**「用數字」報告壞消息。**

因為不管是對你而言，還是對主管來說，這樣才能解決問題。

距離年底還有兩週。

為了爭取到客戶的訂單以達成業績目標，競爭對手祭出了特別折扣。

如果自家公司不跟著降價，就很難達成業績目標。

要向主管報告這件事，心情自然非常沉重。

萬一主管說：「你到底在說什麼傻話！」此時該怎麼辦？

結果一拖再拖，心想：明天再說吧、先跟客戶商量後再說吧……然後一天拖過一天。

然而，愈是壞消息愈要鼓起勇氣，「迅速」、「誠實」、「用數字」說明。

壞消息拖得愈久，傷害就愈大。

隨著時間流逝，可以採取的對策也會愈來愈少。

想也知道，說謊或隱瞞更是一點好處也沒有。

●「迅速」、「誠實」、「用數字」讓主管站在自己這邊

總而言之，「迅速」、「誠實」是報告壞消息的基本。

還有一個重點是「用數字說話」。

用數字報告壞消息是為了「讓主管站在自己這邊」。

如果想讓主管站在自己這邊，就必須用主管的立場來思考。

例如：要求降價、趕不上交期、專案發生意外……等等。

主管的地位愈高，愈需要對層出不窮的問題作出判斷。

另外，主管也必須向公司內外立場不同的對象說明，進行交涉。

而且依對象與部門的不同，先後順序及判斷方式也不一樣。

舉例來說，假設工廠的配送因為委託廉價的配送業者，導致晚了一天送到。

因為與生產無關，生產單位認為「不成問題」；因為費用減少，會計單位也認為「沒有問題」；可是業務單位受到客戶的投訴，認為是「大問題」。

這裡就需要「共通語言」，也就是用數字說話。

即使先後順序或判斷標準會因為立場而有所不同，但都能透過「多少」、用與「金錢」相同的標準來作判斷。

這次的降價風波也是同樣的道理。

用數字說明「多少」，主管就能採用與你相同的標準來作判斷。

光看A的說法，不清楚客戶要求降價會對公司的營業收入、利潤造成多大的影響。

也無從判斷是要接受對方的要求，還是不要比較好。

根據B的說法，可以得知降價會造成營收近五十萬圓的損失。

但同時能以販賣中古商品來確保獲利。

只要知道有多少利潤，主管就能判斷要不要批准。

由此可見，報告壞消息時，要以數字說明會造成「多少」影響。

這麼一來就能讓主管站在自己這邊。

不僅如此，用數字提出解決方案還能贏得主管對你的信賴，也能提高自己的風評。

接下來同樣是與主管的對話。

主管突然交辦緊急的工作給你，你該怎麼辦才好？

用數字說話的技巧 18

愈是壞消息，愈要「迅速」、「誠實」、「用數字」報告，這樣才能讓主管更容易判斷，也能為自己贏得信賴。

19 確認主管交辦的急件「何時要完成？」、「要完成幾%？」

•提升風評的機會

如果主管突然要求你製作一份資料，你會怎麼回答？

A「這麼突然，一下子要我製作資料，我也生不出來。一來我有自己的工作要忙，二來我也不知道該怎麼做才好。話說回來，你什麼時候才要聽聽我的需求？」

B「後天的會議資料是嗎？我會參考上次的資料，趕在明天十點前先提出80%的草案。到時候請您花十五分鐘確認。另外再給我五分鐘，我有一件事想和您商量。」

主管突然交代你緊急的工作時，其實是個大好時機。只要善用「何時」、「幾％」，你的努力就能得到好幾倍的回報。因為以下四個要素，將為你帶來戲劇化的改變。

- **速度** ↓能配合主管的步調，在最完美的時機工作。
- **效率** ↓不用處理棘手的工作。
- **工作的成果** ↓可以利用主管有空的時間，討論自己工作上遇到的問題。
- **評價** ↓提升主管的評價，自己的評價也跟著水漲船高。

●計畫永遠趕不上變化

當主管突然交代你一項緊急的工作，請用「何時」、「幾％」來確認以下三點：

◆ **目標為「何時」？** 這個情況下，預計後天開會。
◆ **最近的期限是「何時」？** 明天十點請主管檢查。
◆ **總之要先完成「幾％」？** 需要做到完美，還是先做到某個程度，再跟主管一起完成呢？

由於是緊急的工作，「何時」當然很重要。

但「幾％」的重要性其實也不遑多讓。

要是把「何時」、「幾％」切開來思考，就非常容易落入陷阱。

以這次製作資料的工作為例。

可以將完成的時間分為「將文章撰寫到一定程度、蒐集資料、製作原稿的時間」與「修飾簡報的細節及言詞表現所需的時間」。

就完成度而言，前者約80％、後者約20％。

可是後者的20％是否會比預期花的時間更多呢？

自以為已經做到100％、盡善盡美了，可是交給主管後，主管卻要求改善的情況也時有所聞。

●完成前先請主管檢查

因此，一開始先做到80％，再與主管一起完成還比較有效率，明顯也比主管自己從零開始做起更快。

再者，主管也不用心浮氣躁地等你完成。

像這樣用數字說明最終的目標是「何時」、最近的期限是「何時」，以及完成度的「幾％」，就能有效率地處理緊急工作。

用數字說話的技巧 19

主管交代工作其實是好機會！請用數字確認期限與完成度。

主管突然交代你做事
其實是提升評價的好機會

假如主管突然交辦工作?

後天的會議要用，所以請你先製作資料
了解!
後天的會議上需要的資料嗎!
我會在明天 10點前做完 80%!

應該要先確認3個數字

①最終的目的地→後天的會議

②最近的期限→明天10點由主管檢查

③總之要先完成幾%→先做好80%

一定要在做到100%之前先請主管檢查

我做好80%了!
謝謝，這裡改成這樣比較好
原來如此!我會修正!
結果很快就做完了!

20 「事實×數字」是工作上對話的基礎

●事實×數字將成為判斷的標準

A「明年的公司說明會要不要改成線上進行？不用擔心疫情，準備工作也很簡單。」

B「明年的公司說明會要不要改成線上進行？根據調查，86％的學生都參加過線上說明會。」

用事實與數字說話是工作的基本。

這是因為，「用數字說話」能產生說服力與判斷的衡量標準。

差不多要開始準備明年徵才的公司說明會了。

以前都是在公司裡開設一個大型會場，請學生來參加。

新冠肺炎的疫情仍令人憂心，在電視上看過利用網路舉辦說明會的案例，與主管討論時，但只辦過實體說明會的主管遲遲不肯點頭。

「沒有人要參加線上說明會吧？」

「萬一都沒有人來怎麼辦？」

這時該怎麼做才好？

很簡單，**用事實和數字說話就好**。

因為事實非常具有說服力。

這並非你一廂情願的幻想，而是實際發生在世界各地的事實。

只要有數字，就能知道發生的事實會加分還是扣分。

換句話說，用事實與數字說話有助於產生說服力與判斷的衡量標準。

如此一來，主管就能判斷要不要通過你的提案。

●如何找出事實與數字？

如果既有的事實也有數字能佐證，就能這樣報告：

「有一百五十人參加線上說明會，預定將與其中的五十人進行面試。」

問題是，如果是還未舉行過的線上公司說明會，而且還是第一次嘗試，自然就不知道該用什麼「事實」與「數字」來說明才好。

此時該怎麼辦才好呢？

即使是第一次嘗試，你還是能從以下三點找出事實與數字。

①自己的公司裡發生過的事實與數字

「大阪分公司舉辦的說明會吸引了一百名學生參加，並與其中的三十人進行面試。」

②其他公司發生過的事實與數字

「聽說B公司舉辦的線上說明會吸引了兩百名學生參加。」

③從新聞或調查中得到的相關事實與數字

「根據調查，好像有86%的學生都參加過線上說明會。」

具有說服力的順位是①→②→③，同時這也是能讓人感受到事實的順序。

話雖如此，也不見得一定非要有自家公司或其他公司的先例才行。

也可以像③那樣引用新聞或調查，讓自己的論述更具說服力。

重點在於，要盡量使用值得相信的資訊，例如政府公布的調查，或大學及研究機構發表的數據……等等。

找到事實與數字，用事實與數字來說話，就能讓工作成果往好的方向發展。

總歸一句，工作上的對話要用事實與數字來進行。

用事實與數字說話，就能讓你說的話更具說服力，也能產生可供對方判斷的衡量標準。

結果就能讓對方動起來，交出漂亮的成績單。

用數字說話的技巧 20

用事實與數字說話，就能讓對方更容易作出判斷。

「事實×數字」能產生說服力與判斷的衡量標準

明年的公司說明會改在線上舉行吧
沒有人會來吧！萬一失敗怎麼辦！
用事實與數字說話
①自家公司的實績
大阪分公司舉辦的說明會吸引100名學生參加，與其中30人進行面試。
②其他公司的實績
聽說B公司舉辦的線上說明會吸引了200名學生參加。
③新聞、調查
根據調查，好像有86%的學生都參加過線上說明會。
願意採納
足以判斷
好吧，來舉辦線上說明會吧

21 電子郵件的主旨占九成

●主旨會不會讓人看不懂？

A「Re:Re:Re: 關於九州出差的事」

B「九州的出差，請在九月三日前批准」

在電車上檢查電子郵件的時間只有五分鐘，未讀列表裡有兩封信。

你的主管會先看A還是B呢？

一定是B。兩封信都跟九州出差有關，但主旨天差地別。

A寫了九州出差，卻看不出目的。Re:Re:Re: 意味著已經與其他人轉來轉去好幾手，感覺要花很多時間閱讀。

不僅如此，主管就連自己需不需要看這封信都不知道。

另一方面，B的電子郵件則明確寫出了目的與期限，主管只要回信「OK」就行了。

●能幹的人深知主旨的重要性

能幹的人寫出的電子郵件，也能很快得到對方的回信。

因為他們深知主旨的重要性。

當對方收到B的電子郵件，光看主旨就知道內容、必須採取什麼行動、要花多少時間回信。

話說回來，你寫信時感到最煩躁的事是什麼？

肯定是「等到地老天荒都等不到回信」吧。

本書要教大家的是如何「用數字說話」。

問題是，各位在工作時，想必寫信溝通一定比當面對話的情況還要多吧？寫信和當面對話都是溝通的一環。

以下將為各位介紹，如何把有成效的「用數字說話」，運用在電子郵件上。

●主旨請以「行動×何時」控制在十八個字[11]以內

能讓人在二十封未讀的電子郵件中，最先打開你寫的那封，並立刻回信。

這就是主旨的威力。

那麼，該怎麼寫出能讓對方快點回信的主旨呢？

以下是三個馬上就能派上用場的技巧：

①在主旨裡寫出希望對方「何時」回信的期限

②簡單整理出對方應採取的行動

③控制在十八個字以內

首先是回信期限。

請善用第二章介紹過的「把『何時』換成數字」。

如果不寫出「何時」，也就是期限的話，對方就會判斷這封信「不急」。用數字明確表示出「何時」，才能提高在期限內收到回信的可能。

萬一無法在期限內收到回信，也能以「請示：請在九月三日前批准九州出差一事」的方式催促對方。

其次是對方應該採取的行動。

請在主旨寫出「請批准」、「請確認」、「請給我你方便的時間」等要求對方採取的行動。

如果只是「報告」或「訊息共享」這種對方不一定要採取行動的情況，請在主旨的開頭就寫下「參考」或「無須回覆」。

最後是「主旨要控制在十八個字以內」。

11 換算中文字約十～十二字。

只要透過簡短的主旨，讓人掌握行動與數字，對方就會立刻點開你的電子郵件。

「讓人掌握」這句話裡，其實有一個陷阱。

不妨想像主管在交通工具上利用時間收信的畫面，他是用筆記型電腦、平板，還是智慧型手機？

絕對是智慧型手機占壓倒性多數吧。

空檔時用手機收信固然方便，但是要注意一點。

那就是電子郵件的列表只能顯示簡短的「主旨」。

為了讓對方用手機也能看懂你想表達什麼，主旨一定要簡短，太長的話後面就會變成「……」。

此時不打開電子郵件，就看不見完整的主旨了。

雖然這也根據設定而有所不同，但我使用 iPhone 的 Gmail 功能，從第十九個字就會變成「……」了。

如果非超過十八個字不可，不妨在主旨的開頭就點出「何時」與「行動」。

●留意電子郵件特有的陷阱

前面說明了在電子郵件的主旨中，寫出「何時」的重要性。其中卻有個電子郵件特有的陷阱，那就是「今天」、「明天」、「下週」這樣的寫法。

你在九月一日晚上寄出一封「明天下午兩點來開會吧」的電子郵件，對方在隔天的九月二日早上才打開郵件。

對方並未檢查你寄出這封信的時間，以為是九月三日的下午兩點，回信告訴你「沒問題」。如果這場會議非常重要，那會發生什麼慘劇呢？

只是忘了多加一句，用數字表達「何時」，可能就會變成重大的問題。

請務必牢記在心，「你寄出信件的時間」和「對方打開信來看的時間」是有時間差的。

信裡提到「何時」的情況，請務必寫上「九月二日」、「九月九日」等明確的日期，而不是寫「今天」或「下週」。

用數字說話的技巧

21

寫出容易閱讀、一眼就能看懂的主旨，就能為你贏得信賴。

22 大家願意聽你簡報的時間，只有最初的三分鐘和最後的一分鐘

●精采的簡報從數字開始，從數字結束

A「今天非常感謝大家聚集在這裡，敝社在前人的努力下，迎來了創業九十九週年。前幾天的紀念活動，也因為各位的協助得以順利完成。接下來……」

B「前幾天的創業九十九週年活動，承蒙九百九十人的參與，獲得了99％的滿意度，可謂盛況空前。今天準備向這九百九十人，進行新商品的宣傳介紹。」

簡報的成敗關鍵就在「開頭」與「結尾」。

因為與會者的專注力只有開頭幾分鐘最為集中，如果不能一開始就挑起他的興趣，對方就會聽不下去，自然也無法做出成果。

人類的專注力無法持續太久。

現代社會更是如此，因為網路或社群媒體上充斥著太多訊息，如果無法臨機應變，快速切換腦袋，實在難以生存。

請回想一下，當你站在聽者的立場、而不是做簡報的角度時，曾經發生過什麼事？你會一直專心聽完整場簡報嗎？

假如那場簡報與自己無關，又很無聊的話呢？

說得更直接一點，如果你當時手邊有緊急的工作，甚至在開會前接到客戶打來的電話，你還能專心聽簡報嗎？

●每個人都有在客場做過簡報的經驗

換你做簡報時，對方也一樣。請記得，對方對於「不感興趣」、「與自己無關」的簡報三分鐘都聽不下去。

一旦對方覺得「這件事我聽過了」、「今天的簡報好像很無聊」，那頂多只願會花一分鐘聽你說話。

「聽起來好深奧」、「有聽沒有懂」的簡報，甚至連三十秒都聽不下去。

上述「三分鐘」、「一分鐘」、「三十秒」的數字，是我在職場上做過的簡報，以及在研討會上數不清的失敗經驗中得到的教訓。雖然沒有什麼科學依據，但你是否也有過類似的經驗呢？

開始做簡報時，內心出現一種「哇……都沒人要聽我說話」的疏離感。

你想盡辦法挽回頹勢，但愈是緊張，愈是竹籃打水一場空，掌心全是汗，話也說得吞吞吐吐。

甚至像A那樣，明明開場說得是滴水不漏，對方還是閉上了雙眼，關上了耳朵。

●一開始就要拿出具有衝擊力的數字

聽起來很像廢話，但如果不能讓對方聽你簡報就毫無意義了。

唯有讓對方聽你簡報、了解你想表達什麼、想採取什麼行動，工作才能有所成果，這才是簡報的目的。

那該怎麼做才好呢？

說穿了，一開始就要用具有衝擊性的數字說話。

扒開對方的眼皮，將數字烙印在他們的眼球上。

拿掉那看不見的耳塞，像用擴音器般大聲地把數字喊出來。

像B那樣開宗明義就打出「九十九年」、「九百九十人」、「99％」的數字後再進入正題，就能吸引住對方的注意力。除了前面介紹過的「一」或「一百」這種簡潔扼要的數字外，能讓參加者輕易想起的數字（創業九十九週年），也會令人印象深刻，而不斷重複這幾個數字也是很有效的做法。

只要用 PowerPoint 等幻燈片工具來表示，就能強調數字。

順帶一提，我想要強調數字時，使用的字體大小為 150pt。

利用這種方法將數字植入對方的眼睛和耳朵裡。

先引起對方的好奇心，再加入故事、進行簡報。穿插了故事的簡報需要非常熟練的技巧，但目前還不需要擔心這點。

首先，請提醒自己把所有能量都注入開頭的三分鐘，努力用數字來打動對方的心。

其次，要在簡報的最後再複述一次重點。

這不需要高深的技巧。

只要再重複一次開頭提到的數字即可。

即使是跟第一頁一模一樣的字句、完全相同幻燈片也無所謂。

如果再描述一下達成目標後的未來，簡報就會更有效果。

「為了吸引一萬人參加一百週年的紀念活動，得到100％的滿意度，一定要讓新商品成功！」

由此可見，「開頭」與「結尾」就是簡報的成敗關鍵。
加入重點數字，就能讓對方傾聽、理解，並採取行動。

用數字說話的技巧 22

一開始就用數字製造衝擊性，做成讓人想要聽下去的簡報。

簡報一開始就要拿出具有衝擊性的數字！

有聽沒有懂
無聊
聽過了
聽起來好難
不想聽下去

最初的3分鐘就要塞滿數字

100!
99%
好厲害
好想知道

23 日理萬機的老闆參加的簡報，要在一開始的三分鐘決勝負

●用「執行摘要」來說明

向老闆等公司高層做簡報時，如果在一開始的三分鐘，說不出讓人立刻就懂的「執行摘要」必定失敗。

因為老闆日理萬機，很可能突然就離席了。

或許各位是第一次聽到「執行摘要」這個名詞。

簡單講就是，「給老闆看的大字報」。

在一張大字報上，用簡單的數字說明最重要的重點，以及老闆應該採取的

行動。

只要能在最初的三分鐘，講完這張大字報上的內容，就能因應任何的突發狀況。

●如何讓老闆說出「接下來交給你了」？

剛才說過，參加者的注意力只有最初的幾分鐘。

即使中途開始心不在焉，參加者也還是會待到最後。

但老闆可就不一定了，為了因應老闆不知何時會突然閃人，你必須事先做好準備。

你的簡報才剛開始了五分鐘，秘書就突然打電話到老闆的手機。

秘書應該很清楚老闆的行程，所以肯定是很緊急的事。

你的節奏當然被打亂了，其他人也開始竊竊私語，簡報的氣氛已蕩然無存。

因為今天的簡報，是要向老闆報告推出新商品的專案進度，請老闆通過追加的預算。

倘若今天得不到老闆的首肯，進度就會嚴重落後。

這種時候，你希望老闆說出哪句話呢？

A「感謝各位今天齊聚一堂，但我得離開了，改天再開一次會吧。」

B「感謝各位，我聽到這裡就行了。接下來交給你們，請各位全力以赴。」

當然是B吧。透過「執行摘要」就能讓老闆說出這句話。

將專案必備的概要、目標、成員、行程等事項整理成一頁，再寫出為了推動專案，這次簡報必須決定的內容。

先將所有內容簡單地整理成一頁，下一頁再針對各個細項仔細說明。

一開始就亮出「執行摘要」，就能讓老闆以外的參加者同步理解，全體與會人員也會放心地聽你做簡報。

例如，可以用這樣的說法：

「這次的專案是配合敝社創業一百週年，開發這套學習工具，是為了激發越南一百萬名兒童的『發明』潛能。今天開會的目的，則是為了改良下個月即將完成的試作樣品，希望各位能同意，將目前十人的小組再增加兩人，以及通過一百萬圓的當地調查預算。」

●執行摘要的三大重點

這裡有三個重點。

①為了讓第一次聽聞此事的人也能理解，用簡單的數字說明內容（配合創業一百週年，激發一百萬名兒童「發明」潛能的學習工具）

②用數字說明簡報目的（增加兩名成員及通過一百萬圓的預算）

③讓老闆只要回答YES或NO就好

除了YES跟NO，③也可以另再準備第三個選項。無論有幾個選項，都不要讓老闆耗費太多時間思考。

對老闆來說，好處不僅是只花三分鐘就能理解整個專案。

「執行摘要」也是一種讓老闆可以自行說明的大字報。

因為老闆其實要跟很多人解釋這個專案，例如像是其他的部下，或是別家公司的老闆或投資人。有了執行摘要，就能讓老闆自己用簡單的數字，來說明專案的全貌。

用數字說話的技巧 23

由日理萬機的老闆參加的簡報，一定要用數字把重點塞進一開始的三分鐘裡。

24 用數字說話，拖泥帶水、沒有重點的會議就會消失

●最初的三十秒是勝負關鍵，請用「何時」、「多少」來掌握會議的節奏

A「今天的會議內容太充實了，可能會拖久一點，請各位踴躍發言。」

B「今天的會議有三個議題（①、②、③），預計下午兩點五十五分結束。」

舉行會議時要在最初的三十秒就說出會議的目的、「議題的數量（多少）」和「結束時間（何時）」。

這是因為明確地說出目的、準時結束會議能讓人感到放心。

你參加的會議又是哪一種呢？

◆浪費時間說一堆廢話，什麼也決定不了。

◆必須向遲到的人，再說明一次說過的內容。

◆主要是閒聊及突發奇想的點子，回過神時早就過了預定結束的時間。

各位是否經常希望，會議能少一點、短一點呢？

既然如此，請你一定要從「何時」、「多少」開始說起。

如果你是會議的司儀或主持人，請像B那樣明確說出「有三個議題（多少）和時間（何時）」。

如果擔心其他人會有什麼怨言，你可以接著這麼說：

「感謝各位百忙中撥出寶貴的時間前來開會，我會努力在預定時間內結束。除了上述三點之外，還有其他想在今天討論的議題可先告訴我，我會與在座的所有人確認，另作調整。」

●沒有司儀、主持人也能控制時間

接下來還有三個重點要留意：

①向百忙中抽空與會的人表示敬意。

②提供其他議題的討論機會，重視與會者的先後順序。

③務必要準時結束。

假如你是與會者，這時又該怎麼做才好呢？

要是有司儀或主持人幫忙控制「何時」、「多少」就好了，但通常沒這麼幸運，這時不妨鼓起勇氣說：

「非常感謝各位來參加會議。非常抱歉，我今天下午三點要跟客戶談生意，所以兩點五十五分就得告退。我想完整參加整場會議，可以確認一下議題與預定結束的時間嗎？」

●會議的尾聲也要以「何時」、「多少」劃下句點

至此，參加者專心地參與討論，會議貌似能照時間結束。接著是最後一句話，哪句話能創造出更好的成果呢？

A「今天非常感謝各位參與會議，辛苦了。」

B「非常感謝各位前來開會，今天決定了①、②、③，下次會議將在下週同一時間，也就是週三下午兩點舉行。有人沒辦法參加嗎？還有，A先生，按照今天的決議，麻煩你在本週內完成○○。」

結束會議前，提出兩個「何時」能得到最大的效果。

第一個「何時」是下次開會的時間。

趁與會者的注意力還沒有消失的時候，先預定下次開會的時間。

另外，再一口氣執行會議中決定的事，以及需要花時間調整的行程。

第二個「何時」是確認個人應該採取的行動。

為了實現會議中的決定，必須同時確認每個成員該做的事項與期限。
請他們在下次會議中報告進度，釐清角色與責任。

用數字說話的技巧 24

明確指出結束時間與議題數量，不要讓會議拖泥帶水，浪費時間。

如何告別拖拖拉拉、沒有重點的會議

經常可以看到的會議光景……

閒話家常
東拉西扯
浪費時間
無法決定

在最初的30秒用數字說明會議的目的

有 3 個議題！
下午 2：55
結束！
議題是
這個啊
要專心
一點
得快點
決定呢
太好了，我 3 點
還有別的事♪

25 只要給對方三種選擇，就能消除反對意見

•比起帶出反對意見，直接讓對方選擇更輕鬆

給對方三種選擇，用「何時」、「多少」說話就能消除反對意見。這是因為比起提出反對意見，直接選擇還比較輕鬆。

以緊急召開的會議為例，假設越南的工廠出了狀況。

以下兩個提案中，哪個能得到與會者的共識呢？

A「工廠的生產線停止了，交貨給顧客的時間將會延遲，請立刻派遣日本的技術人員去越南處理。」

B「工廠的生產線停止了，交貨給顧客的時間將會延遲。目前有以下三種可能性。首先最理想的情況是明天就能修好，這樣要花五十萬圓。請立刻從日本派遣技術人員去越南處理。最糟糕的情況是要花上一個月，這不需要費用，當地的負責人剛進公司三個月，會依照手冊的指示處理。第三，最合乎現實的修復時間是一週，費用五萬圓，只要聯絡當地的維修人員，請他們處理即可。」

如果是A，或許會引來以下的反對意見。

「說得容易，○○工程師忙得要死。」「就讓顧客等一等吧。」

相對於此，B則是以「何時」（行程）、「多少」（費用）提出三種選項。

參加會議的人與其全部反對，從三個選項裡選出一個還比較輕鬆。

甚至還能提出更好的意見，展開腦力激盪。

看在負責人眼中，B顯然也是更好的劇本。

光是反對，無法解決問題。

還不如參考B「何時」、「多少」的建議作判斷。

我自己在奇異集團上班的時代，每週都要跟英國總公司開會，報告每一季的預估營業額。

如果每次都能達成理想的數字自然再好不過，但客戶、工廠、物流等單位總會發生意想不到的狀況。

就算如此，光是報告一些難看的數字，也得不到英國總公司的理解與支持。

「相較於這次預估的目標營業額九十億圓，最理想的營收是九十三億圓，最壞則是八十八億圓，而九十一億圓則是比較貼近現實的數字。為了實現合乎現實的數字，明天之前還需要五百萬圓的預算。」

就像這樣，我會提醒自己提出最好、最壞與貼近現實的三種選項，說明各自需要的費用與期間。

這樣就能獲得總公司的支持，實現總公司能接受的結果，並贏得總公司對我的信賴。

說明「何時」、「多少」，給對方三種選項，就能消除反對意見，還能得到許多人的理解與協助。

用數字說話的技巧 25

事先準備好選項，就能消除反對意見，讓事情進展順利。

26 有能力的領導者會「用數字說話」

●領導者三個必要的任務

假如你當上領導者，率領團隊，以下是你最重要的三個任務：

◆**讓部下看到未來的目標**

◆**讓部下成功**

◆**為團隊負起責任**

為了實現這三個任務，需要大量的經驗與技術。

其中，「用數字說話」是成為一個成功的領導者非常重要的關鍵。

以下就為各位介紹，如何整合公司內的聲音，「用數字說明」這三項任務的方法。

●只要能用數字說明未來的目標，業績就會爆炸性成長

A「創作出廣受世界上許多人喜愛的影音平台。」

B「要在二〇一六年底前，達成十億小時的單日總觀看時數。」

你一天花多少時間看影片呢？

我自己是個還算小有名氣的 YouTuber 吧。

YouTube 的母公司 Google 是全世界最大的公司之一。

B是 YouTube 公司於二〇一二年十一月宣告的目標。

一天十億小時相當於全世界每天要有十億人口觀看一小時的總時數。

每人平均三十分鐘的話，就是二十億人。

二〇一二年當時的觀看時數，全世界加起來只有一億小時左右。

如果分成十億人口，等於每個人花六分鐘，就相當於觀看一支短影片。

這種情況下，居然要將全世界的觀看時數翻成十倍！

這是 YouTube 最大的目標。

YouTube 面對這個巨大的目標，奮力前行，只花了四年就真的成長了十倍，達成十億小時的目標。

● 你也辦得到，設定目標，向急劇成長的世界級企業學習

設定、管理這個目標的方法稱為ＯＫＲ（Objectives and Key Results ＝目標與關鍵結果）。

Google、ＦＢ等世界級企業乃至於 Mercari[12]、花王等日本企業也都採用了這套手法。

有興趣的人請去找《Measure What Matters／ＯＫＲ：做最重要的事》[13]等

12 日本網路公司，成立於二〇一三年，二手交易平台「Mercari」為其主要業務。
13 中文版由天下文化出版。

書籍來看。

寫到這裡，或許各位會覺得，「聽起來真不容易，應該只有極少數的大企業才辦得到吧？」

其實並非如此。

只要使用前面介紹的「用數字說話」，你也能設定出Google那樣的目標。

首先是「二〇一六年底前」、「十億小時」，先用數字說明「何時」與「多少」，把未來的目標用數字這個共通語言，清楚、明白地說出來。

其次是用「簡單的數字」來說明。

像是「二〇一六年十一月十五日前達成九億四千七百八十一萬小時」，這樣講對方一定記不住。

最好的說法是「二〇一六年底前達成十億小時」，遠大的目標反而最簡單好懂。

簡單的數字，才能在更多人的心中停留。

●鼓起勇氣將目標設定成不切實際的目標

截至目前，我為各位介紹了「用數字說明」未來種種的遠大目標。

事實上，OKR可以分成兩部分，分別是O與KR。

O是遠大的目標，「二〇一六年底前達成十億小時」就是遠大的目標。

KR則是關鍵性的成果，也就是每個人可以達成的短期目標。

這裡就不對OKR進行太專業的說明了。

為了讓各位從明天開始就能使用OKR，我只介紹實踐的重點。

首先是O（遠大的目標）。

重點在於，將眼界與目標放大到十倍。

就像Google目標「四年達到十億小時」，先設定出乍看難以達成的遠大目標，就能產生各式各樣的靈感。

如果是「每年成長5％」這種過於現實的目標，就很難衍生出新做法。不妨鼓起勇氣，將目標放大十倍。

這麼一來就能把更多人拉進來，一起朝巨大的目標挑戰。

●讓過程中的短期目標，成為容易給予具體評價的參考標準

其次是ＫＲ（關鍵性的成果）。

ＫＲ是每個人朝著巨大的目標前進時，所達到的成果。

能否達成還需要確切地評估。

也就是說，將個別的成果，用數字說明「何時」與「多少」也很重要。

舉例來說，假設有個遠大的目標是「將加班時間減少到十分之一」。

為了實現這個遠大目標，每個人都要盡力而為。

以下是每個人努力的成果。

「事先明確訂定，一年內要將會議時間從六十分鐘縮短為三十分鐘。」

「每個月訓練一次，三個月內減少50%的成本計算錯誤。」

用數字說話的技巧 26

把目標放大十倍，讓短期目標變得更具體。

將遠大的目標放大到十倍，以淺顯易懂的方式表達，就能讓人印象深刻。個別的短期目標，則要具體到能給予確切的評價。

不管哪一種目標，都要用數字這個「共通語言」來說明，這樣才能為公司帶來爆炸性的成長。

有助於爆發性成長的目標設定技巧

用OKR(Objectives and Key Results)來設定、管理目標

Objectives（遠大的目標）

4 年內讓總觀看時數從 1 億成長到 10 億！
簡單
遠大
產生靈感

如果是貼近現實的目標……？

每年成長5%？
產生不出新的做法

Key Results（關鍵性成果）

將加班時數減少到10分之1！（遠大的目標）
3 個月以內減少 50% 的成本計算錯誤
1 年內將開會的時間減少到一半
設定可以具體且給予明確評價的短期目標

27 如果希望部下成長，就不要聽他們的「藉口」

●以「事實與數字」來質問含糊不清的回答

A「寫了好幾封信拜託，結果都石沉大海。」

B「專案會晚兩週完成。」

以上是部下的報告。

你會聽哪一種報告呢？

應該是B吧。如果部下像A那樣開始東拉西扯，就開始問他「事實」與「數字」。

不要讓部下像A那樣開始找藉口。

這簡直是時間與能量的浪費。

因為藉口無法解決問題，也無法創造未來。

相反地，要設法讓他們朝目標踏出下一步。

以下是我在奇異公司推動大規模系統的專案「和聲」時發生的事。

印度籍的部下離開我的團隊，成為總部的一員。

剛開始他常常打電話給我，後來突然就不再聯絡了，我有點擔心，打電話給他，他總是報喜不報憂地說：「主管稱讚我了。」「我的簡報通過了。」

然而，提到最重要的專案時，他卻只有不滿與藉口：「得不到回應。」「沒有人願意幫我。」

我一開始還會聽他說，但總覺得再這樣下去也改變不了什麼，所以我請他不要再找藉口了。

● 不聽部下的藉口難道就是冷漠的主管？

不聽部下的藉口，或許會被認為是個冷漠的主管。
但這是不對的，即使讓部下暢所欲言，也改變不了任何問題。
老實說，**部下找藉口是上司的失職。**
因為部下不敢報告壞消息，只好轉移話題。
愈是轉移話題，部下心中的壞消息就會愈發沉重。
開始自責解決不了問題的自己，為此感到受傷，逐漸喪失自信。
部下是在苦苦掙扎的情況下，才不得不對上司說那些藉口。

● 養成每天分享壞消息的習慣

我在奇異公司徹底地學會了「先報告壞消息」。
在第一時間分享壞消息，先討論對策。
這才是上司與部下應有的關係。

話雖如此，要報告壞消息還是令部下心情沉重。

像這種時候，上司該怎麼做才好呢？

說穿了，無非是「養成每天分享壞消息的習慣」。

我建議採用「每日立會」（scrum meeting）的手法。

團隊每天早上開十五分鐘的會，問成員三個問題。

「你昨天做了什麼？」

「你今天要做什麼？」

「什麼會干擾你的進度？」

利用昨天做了什麼、今天要做什麼的問題，來理解部下的工作內容。

干擾進度的事便是「壞消息」或「問題所在」。

這麼一來，就能養成每天報告壞消息的習慣。

每日的立會不能只是報告而已，還必須解決問題。

利用「何時」、「多少」、「幾%」，讓部下報告他們打算對未來採取的行動。

得知「專案會晚兩週完成」這樣的報告，要請對方說出解決問題的行動。

「五分鐘後（何時）打電話給系統公司，確認日期。追加五萬圓（多少）的費用，三天後（何時）就能恢復90％（幾％）的進度。」

這樣部下就敢主動提出具體的解決方案了。

這裡需要的是部下對你的信任，必須讓他們覺得，就算向你報告壞消息也不會怎樣。

打造出一個部下隨時都能感到放心、願意告訴你壞消息和解決方案的環境。

如此一來，部下就能成長。

用數字說話的技巧 27

養成每日開立會的習慣，促使部下成長。

28 向部下好好說明，成為負責的上司

●用數字與故事說出你的覺悟

A「以下是董事長的指示，請各單位的負責人與客戶交涉進貨的條件。」

B「公司草創初期，改善現金流是最大的目標。為了實現一年賺一百億圓的目標，必須主動出去交涉。雖然很辛苦，但這是我們團隊展現身手的大好機會，一起加油吧。不管怎樣，我會負起全部的責任，請各位放心。」

有些中間管理職會像A這樣，原封不動地將上頭的指示直接轉告部下，這

樣可能得不到部下的信賴。

另一方面，B則抱著破釜沉舟的決心，用故事與數字說明。哪一種領導者比較有責任感呢？想也知道是B吧。

請試想一下，如果有一天你的部門突然大風吹，你要怎麼告訴部下呢？

●用「故事×數字」讓部下心服口服

這是發生在我奇異集團的業務被賣給投資公司時的事。

當時我是日本部門的會計部長，會計部共有七人，而中國大連的會計部則有五人，幾乎整個團隊都是比我更有經驗的部下。

會計只要正確完成業務即可，不用站在生意往來的第一線，但新公司追求的是現金流，也就是所謂的現金經營。

業務或工廠就不用說了，連老闆本人的經營風格也談不上有什麼經驗，所以就全權交到了會計頭上，導致我必須不斷告訴不服氣的部下：「故事」、「數字」與「責任」。

「故事」是指公司賣掉了，所以經營的規則改變了，只有我們才能完成這些重要工作，這是我們成為公司中流砥柱的好機會。

「數字」則是一年一百億圓，每個負責人都必須用數字設定出短期目標，然後全力以赴。

最後是「責任」，我不斷告訴他們：成功的功勞，是屬於每個負責人的；失敗的責任，由我一肩扛起。

實不相瞞，我心中從來沒有「失敗」二字。

他們都是有能力、有經驗的部下，所以我認為，只要分享未來的目標，讓他們具有足夠的安全感，萬一有什麼三長兩短我都會保護他們，這樣應該就能成功。

就算一開始不太服氣的成員，也因為受到包含老闆在內許多人的器重，也開始有所改變。

不僅如此，團隊成員也為了達成遠大的目標，願意跨越自己的職責範圍，互相合作。

最後終於實現了一百億圓的「改善現金流」目標，全體成員都受到老闆的表揚。

由此可知，用「故事」與「數字」向部下說明，可以讓部下知道領導者的決心。

這麼一來就能成為有責任感的領導者，贏得部下的信賴。

用數字說話的技巧 28

領導者要用數字來說故事，帶領部下及團隊往前走。

對部下的說明將大幅影響部下對上司的信賴程度

傳聲筒型的中間管理職得不到信賴

這是董事長的指示，請各單位的負責人照著推進
這傢伙不值得信賴
又全部丟給我們了
真沒責任感

只要用「故事×數字」表明自己的決心，就能得到部下的信賴

責任由我來扛
最大的目標是要改善現金流！
1年賺100億圓！
這是個好機會喔！一起加油吧！
沒問題！
值得信賴的上司！
我也要加油！

4

用數字說話，藉此抓住商機

29 初次見面不需要介紹自家公司，而是用數字說明「別家公司的實績」

●如何讓對方了解自家公司的優點？

A「敝社的營業收入為三百億圓，五年來成長了兩倍，也不斷製作出高於業界水準的商品。」

B「採用敝社服務的客戶，營業額平均成長了15％，目前已有三百家公司採用敝社的服務。」

A、B都用數字說話了，兩者的感覺都很值得信賴。

但兩者其實有很大的不同。

A介紹了自家公司的成長。

B則介紹了別家公司的成長。

無論再怎麼把自家公司誇得天花亂墜，東西也還是賣不出去。

因為，**對方關心的只有自己的公司。**

●比起自家公司的成長，能否讓顧客成長？

這種時候，只能仰賴別家公司的實績來判斷。

與貴社交易有什麼好處呢？

你可以用數字來證明。

這裡有兩個數字非常好用。

一是別家公司得到了「多少」、「幾%」的好處。

「使用這項產品的客戶，以前三個人要花一週才能完成的工作，現在只要準備三十分鐘，接著就可自動化完成。」

以上是業務向客戶說明的場景。

我在矽谷某新創企業擔任財務長時，是用遠端的方式工作，該公司販賣的是能提升效率、讓製藥公司的藥品研發工程自動化的產品。

研發新藥需要龐大的金錢與時間，製作研究用的樣本就是研發的項目之一。對研究者而言，因為製程縮短了，可以把省下來的時間，用於處理其他更有價值的工作，好處如此之多，自然深受好評。

另一個數字，是與貴社交易的公司數量。

就算做出成績，但如果公司的數量太少，就無法充分取信於對方。

因此就要用公司數量、市占率這樣的數字作為訴求。

「目前有三百家公司採用敝社的服務。」

「市場占有率為55%。」

●當數字派不上用場時

那麼，如果合作的公司太少，該怎麼辦才好呢？

有三種方法。

一，列舉與有知名度的公司、學校或自治團體的交易來佐證。

「〇〇大學導入了敝社的系統。」

「參與××市的專案。」

其次，有名有據地引述客戶實際說過的謝辭。

「△△公司的人事部長□□先生說，人事考核能夠縮短兩個月，幫了他大忙。」

第三，透過各種表揚及排行榜。

「榮獲中小企業廳表揚，成為三百家高成長公司之一。」

「被ＩＴ部評選為非常好用的排行榜第一名。」

像這樣用數字來說明實績，也能增加說服力。

由此可知，初次見面的時候，不必介紹自家公司，而是用數字說明別家公司的實績。

用數字說明他社從貴社得到的成果，就能讓對方理解與貴社交易的好處。

用數字說話的技巧 29

用數字說明貴社帶給別家公司的利益，立刻就能打動初次見面的人。

比起自家公司的實績，不如用數字說明對別家公司的貢獻！

誰更值得信賴？

宣傳自家公司的成長

我們會持續製作高於業界水準的商品！

敝社的營業收入爲 300 億圓，5 年成長了 2 倍！

把自己的公司形容得再厲害，對方也不買帳

宣傳對別家公司的貢獻

採用敝社服務的客戶其營業額平均成長了 15%！

目前有 300 家公司採用敝社的服務！

合作的公司數量、市占率

別家公司得到「多少」、「幾%」好處

強調別家公司得到的好處，提升可信度

如果實際交易的成績還不夠？

①列舉與有知名度的公司、學校或自治團體的交易來佐證

- ○○大學導入了敝社的系統
- 參與××市的專案

②有名有據地引述客戶實際說過的謝辭

- △△公司的人事部長□□先生說，人事考核得以縮短2個月，幫了他大忙

③用各種表揚及排行榜的數據來說話

- 榮獲中小企業廳表揚為300家高成長公司之一
- 被IT部評選為非常好用的排行榜第一名

30 與其跳樓大拍賣，不如販賣能為對方的公司帶來多少利益！

●絕不能跳樓大拍賣

假如你要經營顧問事業，A、B哪個比較賺錢呢？

A「做好虧損的覺悟便宜賣，價錢絕對具有市場競爭力，請務必與敝社簽約。」

B「敝社的顧問服務能讓貴社產生一千萬圓的利潤，價格為八百萬圓，請問您意下如何？」

絕不能跳樓大拍賣，因為對方的降價要求，只會更加得寸進尺。

這遲早會侵蝕到公司的獲利，你自己也會疲於奔命。

與其跳樓大拍賣，請用數字說明貴社的服務，能為對方的公司創造「多少」利益。

對方購買貴社的服務時，心裡想的是，此舉對自己的公司有沒有好處。對貴社有多少獲利一點興趣也沒有。

為了提升自己在公司裡的評價，自然是能買多便宜，就買多便宜。

換言之，無論是個人消費，還是商場上的討價還價，都是要盡可能從中獲利的「利益遊戲」。

●一旦開始降價求售將永無止境

商場上的利益遊戲有兩大規則：

一是購買的價格，總之能買到最便宜的價位就贏了。

二是購買的商品能給自己的公司加多少分、扣多少分。

你的銷售目標對象，玩的是哪一種利益遊戲呢？

希望不是前者。

因為前者為了贏得這場遊戲，會一而再、再而三地要求降價。

最後不是貴社的獲利減少、再也無法滿足對方的要求，就是抱著虧損的決心繼續販賣。

這個方法只會讓對方得寸進尺，不能讓貴社賺錢。

各位是否也曾不小心脫口而出，說過這樣的話呢？

「繼續降價，敝社就要虧損了。」

如果說完這句話，卻反而讓對方更加鐵了心地要求降價呢？

因為虧損是你家的事，對方才不在乎貴社的盈虧。

這非常重要，容我再重複一遍。

「對方才不在乎貴社的盈虧。」

對方只在意自家公司的盈虧。

如果不清楚自家公司的盈虧數字，就只能著眼於眼前的價格。

所以就會無止境地要求降價。

換句話說，你「自投羅網」地被迫捲入對方的降價遊戲裡了。

當你說出「我們很便宜」、「價格具有競爭力」這種話時，價格就變成了一切。

你必須把利益遊戲轉換成另一種規則才行。

●讓對方注意到比購買金額更有利的甜頭

那麼該如何改變遊戲規則呢？

就是用數字說明「對方的好處」。

購買你們家的服務，對方能得到「多少」利益呢？

「敝社的顧問服務，能幫貴社實現一千萬圓的利益，這包括來自新事業的六百萬營業收入，以及減少四百萬廣告費的支出。顧問費為八百萬圓，兩相抵銷之後，還有兩百萬圓的獲利。」

購買之後可以有兩百萬圓的獲利，你不買就什麼都沒有。

要用這種方式讓對方自己選擇要不要買。

用數字說明購買貴社的服務，對方的公司能得到「多少」利益。
這麼一來，既能滿足對方，貴社也能賺到錢。

用數字說話的技巧 30

為了不捲入降價遊戲，一定要用數字來說明「對方的獲利」。

如果想大賣，就得千萬小心 不能被捲入降價遊戲

降價求售只會斷了自己的後路

一定會虧損！
已經很便宜了！
價格具有競爭力
再便宜眞的會賠死了！
可以再便宜一點嗎？
是噢……
我對貴社的數字沒興趣喔

讓對方注意到可以得到的利益而非購買金額

敝社的顧問服務能爲貴社帶來一千萬圓的利益！價格爲八百萬圓！
包含○○費××萬圓、□□費△△萬圓……
很好，這樣聽起來好像還有賺頭。那就麻煩你了！

31 如果要讓對方選擇，請用「一」來說明

・用「第一」、「唯一」、「從零到一」來說明

「敝社在○○是第一。」
「敝社在○○是唯一。」
「敝社是從無到有（日本第一家）推出○○的公司。」

如同第二章也提到過的，像「第一」、「唯一」、「從零到一」，用「一」這個數字來說話，威力就會非常驚人。

因為這些都是商場上最出類拔萃的數字。

相反地，**若不是這些數字就不會被看上，這樣的時代已經悄悄來臨。**

我在世界級企業奇異公司上班時，當時位居業界第三的事業單位，居然被賣掉了。

姑且不論你的事業會不會被賣掉，第一名與第二名以下的差距也有如天壤之別。從穩定的收入、價格力、品牌力等等，第一名的好處三天三夜也數不完。

另外，除了第一之外，「日本就是這麼好（唯一）」和「史無前例（從零到一）」的訴求，也具有相當大的價值。

這種存在是他人無法望其項背的，所以客戶只能選擇你。

「唯一」及「從零到一」有時具有比第一更大的威力。

話雖如此，世事總無法盡如人意，事情可沒有這麼簡單。要如何成為「第一」、「唯一」、「從零到一」呢？

你只能「用數字說話」。

●不用競爭就拿下第一

用數字說明「第一」、「唯一」、「從零到一」時，請先決定你想用什麼作為目標。

◆第一：成為所有競爭對手中的第一名。

◆唯一：成為無可取代、獨一無二的存在。

◆從零到一：從什麼都沒有的情況下，創造出新的東西。

其次，再找出自己的「第一」、「唯一」、「從零到一」，用數字說話，但其中還有一個很關鍵的要點。

那就是「不要競爭」。

各位可能會覺得，不去競爭就不可能成為第一。

但只要「用數字說話」，就能不透過競爭也能拿下「第一」。

換句話說就是，**「找到自己能成為第一的領域，強調自己是該領域的第一」**。

只要了解這點，應該就能恍然大悟，知道「原來是這麼一回事」。

然而，只有一小部分的人能夠實踐。

「場所」就是一種最淺顯易懂的例子。

「東京最大的書店。」

「位於日本最北端的印刷公司。」

此外還有價格便宜、口碑數量、與車站的距離……

或是曾經在比賽中拿下第一名，這也是一種「第一」。

訴求「唯一」和「從零到一」也能運用這種方法。

「東京唯一得到世界認證的星空（唯一）。」

「北海道第一家（從零到一）不使用麵粉的烘焙坊」……等等。

事實上，「第一」、「唯一」、「從零到一」已經變得愈來愈重要。

因為**ＡＩ（人工智慧）只會採納最棒的建議**。

以 Amazon 的「Echo」為例。

具備人工智慧的音響非常方便。

可以播放喜歡的音樂，也能告訴我們「明天的天氣是晴天」。

還能買東西。

只要對「Echo」提出要求，它就會幫我們預購餅乾、糖果或洗潔精等等。

人工智慧與「第一」、「唯一」、「從零到一」有什麼關係呢？Amazon的人工智慧「Echo」，會從眾多選項中替客戶作出最棒的選擇。

換句話說，**它只會挑選最棒的那個**。

客戶根本不會知道第二名以外的東西。

人工智慧讓生活變得愈來愈簡單，讓「第一名」與「第二名以下的物品」，產生壓倒性的差異。

為了在這樣的時代生存，你的事業一定要變成「第一」、「唯一」、「從零到一」才行。

找出自己的優勢，在那個領域取得第一，並開始訴求你的「第一」。

「一」是最簡單、最出色的數字，因為有說服力，就能雀屏中選。

同時也能讓人動起來。

用數字說話的技巧 31

找出自己能夠成為第一的領域，就可以在看重「第一」的時代勝出。

在能成為第一的領域好好表現

第一或唯一很容易雀屏中選

總之先
成爲排行榜
第一吧
哪個
最受歡迎？
這個地區的
唯一是……

找出能誇口自己是第一的領域

我們是東京
最大的書店！
BOOK
雖然不是
日本第一……
我們是大阪
菜色最多的
章魚燒店！
雖然價格
可能沒有
競爭力……
我們是
日本面積最大
的村落！
雖然比不上
市或町……

32 心動不如馬上行動！利用感官的力量讓數字更有說服力

●劇烈地撼動對方的情緒，推客戶一把

A「你的體脂肪率為30%，請以標準體重為目標，減少到20%。」
B「你就像這個模型，每天身上都背著超過十個圓滾滾又沉甸甸的體脂肪生活。」

光靠數字無法打動遲遲下不了決心的客戶。
像這種時候，必須借助感官的力量，劇烈地撼動對方的情緒。
這樣才能從背後推客戶一把，幫助客戶踏出第一步。
想不到吧！這是我的親身經驗，我的體重曾經超過一百公斤。

看著健康檢查的結果，A是醫生一而再、再而三對我的要求。我雖然了解，但知道是一回事，行動又是一回事。

另一方面，B這句話，卻是讓我成功減掉三十五公斤的關鍵。我的心像被狠狠地刺了一刀，最後順利地從超過一百公斤的大胖子，變成現在的結實身材。

由此可知，光靠數字其實還不夠，同時還要用眼睛看、用手觸摸，藉由感官的力量，就能打動對方。

●看不見、摸不著的脂肪真的減不掉嗎？

你是否曾在健康檢查或是健身房裡量過體脂肪呢？

雖然這也有年齡上的差異，但醫界都說男性盡量不要超過20％，女性盡量不要超過30％。

因為體脂肪太高的話，就很容易得文明病，一定要減下來才行。這件事我們的頭腦明明很清楚，但身體卻遲遲不願踏出第一步，這是為什麼呢？

簡單講就是，對體脂肪可以視而不見。

老實說，就算聽到「體脂肪率30％」，我們也沒有真實的感受。因為體脂肪根本摸不到，也不可能把它從身上切下來給你看。而為了減少肉眼看不見的體脂肪，還必須持續痛苦的運動、忍著不吃美味的食物。也難怪只要是個人，都想當作沒看見了。

那麼，該怎麼做才能強迫自己面對現實呢？

這也很簡單，那就是讓體脂肪可視化。

摸摸身上的肥肉、聞聞贅肉的味道，就能給感官帶來衝擊。

B是我下定決心，準備踏入瘦身美體中心時聽到的第一句話。

那是二〇〇四年的事了，當時的我不斷陷在減肥與復胖的惡性循環中。我嘗試過各種減肥的方法，從重量訓練到有氧運動，再從蛋白質、蘋果瘦身法，到纏繃帶、刺激耳朵的穴道。

當我創下人生的高峰，第一次胖到超過一百公斤時，心想：「只剩這條路了。」某天才終於下定決心，敲開美體中心的大門。

除了量體重之外，還從腰圍開始，量遍了全身上下的尺寸，我抱著萬念俱灰的心情踏進了診療室。

桌上有一個凹凸不平的黃色物體，貌似一塊巨大的海綿，但又像是用鬆餅粉拌勻的麵糊。

諮商師突然把那玩意兒放在我手上。

它比想像中還要重，這是減肥用的啞鈴嗎？

我還沒反應過來時，諮詢師就說：

「這是體脂肪的模型，你平常就帶著超過十個這種東西在過日子喔。」

凹凸不平的視覺效果，製造出一種「這是廢物」的感受，觸覺也讓我清楚地感受到脂肪的重量。

訴諸感官的結果，讓我決定立刻入會，「非馬上採取行動不可」。

第二章介紹過的「明確說出『多少』」，是一種用數字說話的技巧。

訴諸感官能提升這種技巧的說服力。

透過觸覺、味覺的感受，來加強用數字說話給人的意象，將更容易打動遲遲無法下定決心的人。

能準備脂肪模型這樣的東西自然再好不過，如果有難度的話，也可以使用對方身邊的物品，或是感到好奇的東西，再結合數字同步說明。

「我們開發出了比您現在用的筆電，還要輕上五百克的新商品，這就等於您每天隨身攜帶的電腦，少了一瓶礦泉水的重量喔。」

「只有今天會比平常便宜七千圓，不妨用省下來的錢，去那家有名的飯店享受一下優雅的下午茶。您覺得如何？」

為了打動無法下定決心的客戶，用數字說話的同時，也要刺激對方的感官。因為，**透過感官就能撼動對方的情緒，透過數字就能正當化他們的情緒。**

用數字搭配感官刺激就讓客戶下定決心，踏出通往未來的第一步。

事實上，那家美體中心還說了一個關鍵詞，讓我的決心更加堅定不移。

那句話就是：提供十個參加三個月體驗課程的限定名額。

類似的用詞還有「免費」、「只有現在」，這都能強烈打動人心。
關於這點，我會在下一個章節作介紹。

用數字說話的技巧 32

只要訴諸感官來強化數字，就能幫助對方下定決心。

33 「免費」與「只有現在」無疑是最強大的促銷工具

●人是不想錯過免費機會的生物

A「變便宜了，很划算喔。」
B「只有現在免費，明天開始就會恢復一萬圓的定價。」

如果想讓人快點動起來，「免費」與「只有現在」是最強大的詞彙。
因為人都不想錯過可以不用花錢，就能得到好處的機會。
經常可以在電視台或網路上的廣告中，看到「免費」、「只有現在」這兩個用詞。

大家可有發現這其實是數字嗎？
這兩個用詞其實是用數字表達了「何時」與「多少」。

首先是「多少」，這想也知道，「免費」就是零圓的意思。
然後是「何時」，「只有現在」指的就是「期限之前」。
以B為例，就是今天。

今天的話，可以用零圓買到，到了明天就會變成一萬圓。
今天與明天哪個比較划算呢？這不用想也知道吧。

問題是，這兩個用詞為什麼會有這麼強大的威力呢？
那是因為，說到「免費」、「只有現在」就能大大消除對方的壓力。

●只要能消除「付錢」、「錯失良機」這兩種壓力，人就會採取行動

「付錢」對許多人而言，就是一種壓力。

想當然耳，壓力的程度及金額因人而異。有些人對幾千塊一點都不在意，但有些人連一塊錢都想省下來。

金額愈少，壓力愈小。這可以讓人產生「只有這樣就沒關係」的心情，但也不至於完全消失。

然而，當價格愈來愈便宜，壓力就會在某一刻突然消失。

那一刻就是「免費」。你不再覺得有付錢的壓力，要考慮的只有要不要買的問題，如此而已。

除非是死都不想要的東西，否則通常都會有「總之先拿再說」的心態。

因為不用花錢就能得到，就會有種「賺到了」的感受。

所以聽到「影音串流服務前三個月免費」或「今天免費贈送薯條」，通常都會感到心動。

沒有付錢的壓力，感覺就會很划算。

還有一種是錯過機會、蒙受損失的壓力。

所以當聽到「只有現在」，就會對限時拍賣產生「現在不作決定，要是錯過機會怎麼辦」的反應。

「只有自己」吃虧的感覺，會讓人產生莫大的壓力。

「只有今天」可以得到「免費的」薯條，大家當然都不想錯過。

就算正在減肥，也不能只有自己放棄免費的薯條！

此時回答「不需要」，反而需要很大的勇氣。

假如你是買方，只要能得到划算的感覺就會心滿意足。

那麼，如果你是賣方呢？
免費提供意味著什麼？
藉由免費提供，你可以贏得「長期的信賴關係」。
詳細的說明就留給行銷的專業書籍，重點就是，為客戶提供免費的體驗，客戶便會相信你的商品和服務是好的。
因為有這份信賴，長期下來就會變成你的客戶。
但第二次開始，當然就要收費了。

就算免費提供給對方，對方也沒有成為客戶也無妨。
至少他們會想告訴別人這種划算的體驗。
免費體驗過的人也可能會幫忙宣傳你的商品及服務。
話雖如此，你也不能一直提供免費的體驗。
所以才會說「只有現在」。
由此可知，對賣方而言，「只有現在」、「免費」是很有效果的。

你在販賣「只有現在」、「免費」的時候，還要特別注意一件事。
那就是要「老實地」、「誠實地」限定「只有現在」。
首先是老實。我想這就不用多說了，明明就說只有今天，結果第二天也說「只有今天」，結果會怎麼樣？
再來是「誠實」。
如果有什麼「只有現在」的理由，那就更容易取得客戶的信賴了。
例如公司成立二十週年的感謝祭，或是食材的賞味期限只到今天為止。
如果這個理由能讓客戶接受，那就更完美了。

由此可見，為了讓人快點動起來，「免費」與「只有現在」是最好的說法。
如果還能說明「免費」與「只有現在」的原因，並且能讓對方接受，那就更有效果了。
善用「免費」與「只有現在」，就有機會建立長久的信賴關係。

用數字說話的技巧 33

「免費」與「只有現在」是最強大的用詞，但請務必老實地、誠實地運用。

能讓人快點動起來的「免費」與「只有現在」

「付錢」「錯失良機」會形成壓力

10000
只到昨天！
試用看看吧
20 週年紀念！
只有現在
免費
長期的信賴關係

**讓人免費體驗優質的商品、服務，
可以將那些人變成未來的顧客，對方也願意
以口耳相傳的方式爲你帶來更多顧客**

5

掌握更進階的「用數字説話」技巧，讓你更上一層樓

34 故事為什麼是數字最強的夥伴？

●光靠數字會讓人感覺冷冰冰？

A「這張卡很划算，凡購物一百圓就能累積一點。」

B「不只可以一百圓累積一點，還能與你一同創造三十年後的未來，是一張地方創生的卡片。」

假如你要辦一張新的卡片，你會選A還是B呢？

划不划算當然很重要。

可是如果錢包裡已經塞滿了划算的數字，那光是這樣還不夠。數字只會變成剩下的優惠或點數，沒有一點溫度存在。

唯有「故事」才能讓人動起來，請賦予數字溫度。
數字要跟故事一起說，才能發揮真正的力量

●為數字賦予溫度的「故事」

第一章介紹的電子型區域貨幣「HUC」，又稱為「現代的木雕看板」。如果沒有這個別名，大概無法推廣出去吧。

HUC的概念是，「用數位與類比打造三十年後的城市」。利用優惠的紅利點數，來提升商店的營業額，參加健康活動或當義工都能賺取點數。另外，也提供點數給繳納故鄉稅的人，這也成為吸引他們造訪的機會。

光靠優惠，也就是所謂的數字，無法造就長久性的地方創生，讓商店街的活化運動持續下去。

為了能夠不斷、持續地打動更多的人，就需要結合「數字」與「故事」這種能讓人產生共鳴的「共通語言」。

東川町早在三十八年前就宣布要成為一個攝影之都，透過文化的力量，持續推動地方創生。

同一時期，商店街也以青年團為中心，開始製作木雕看板，想透過溫暖的木雕來妝點這個充滿大自然的環境，帶小鎮重新出發。起初沒人有相關的經驗，而且還有自己的工作要忙，所以只能利用晚上的時間集合開工。

一開始大家也都無法理解，認為就算在店頭掛上木雕看板，也無法增加營業額。聽說還有很多反對意見，例如「倒下來很危險」、「放在門口只會擋路」……等等。

儘管如此，青年團還是堅持下去，認為「商店街是小鎮的門面，木雕看板是通往未來的造鎮計畫」。

結果鎮上有超過一百家店都掛上了木雕看板，時至今日也仍持續創造出新的看板。

ＨＵＣ是運用數位科技，透過製作木雕看板，讓商店街持續了三十年以上的地方創生，再進一步傳承給下一個三十年。

這個想法讓「現代的木雕看板」成為一種共通語言，而且木雕看板不只為小鎮帶來好處，也深受鎮上多數居民的喜愛。

●如果想在十年後成功，請從七成故事、三成數字開始做起

數字與故事的結合，在商場上也非常重要。

假設接下來你將成為經營者，或擔任大型專案的領導者，光靠數字是遠遠不夠的。

面對看不見前景的未來，為了讓更多人動起來，「故事」扮演著舉足輕重的角色。

這時必須思考的是，「故事」與「數字」之間的平衡。

只有故事，就會成為欠缺真實感的白日夢；只有數字，又無法傳達出令人興奮期待的願景。

這裡我想告訴大家的是，「如果想在十年後成功，請從七成故事、三成數字開始做起」。

光靠數字或專有名詞這種「正確」的東西，無法持續打動人心。

舉例來說，從營業額為零出發，目標是十年後賺到一百億圓。

「為了在十年後達成一百億圓的營業額，每年都要成長十億。今年就要先衝到十億。」聽到這句話，有多少員工會動起來呢？

「十年後，你們將成為改變世界的開拓者，受到世人的尊敬。因此一百億圓營業額也只不過是一個過程，肯定不費吹灰之力就能達成。」聽到這句話，應該就能克服每天的辛苦，實現遠大的目標。

目標愈大，比起眼前的數字，更需要讓對方想像站在終點時看見的景色。

這就是故事。

反之，如果是今年的目標或每天的工作等，愈是近在眼前的事物，就愈要增加數字的比例，那就要善用本書介紹過的，「用數字說話的技巧」。

由此可知，數字與故事結合之後，數字才有了生命。

既然如此，你對數字有了什麼想像呢？

最後要為各位介紹，如何讓數字變成你人生的夥伴。

用數字說話的技巧 34

如果想在十年後成功，不只數字，也要會說故事。

35 讓數字成為生命中最可靠的夥伴

● 數字是能讓你的期望變成現實的「神燈」

前面為各位介紹了，有能力的人會用簡單的數字做出成果。

也告訴各位，不只數字，再結合事實或故事，就能發揮巨大的威力。

你對數字有了什麼想像呢？

數字呈現出來的結果，會因為你對數字的想像、如何使用而截然不同。不怕招人誤會地說，數字就像是阿拉丁的「神燈」。

數字能讓你期望的東西化為現實。

只不過，現實中還需要掌握兩個要點。

首先，要將數字運用到淋漓盡致。

先了解第二章傳授的技巧，再依照第三章和第四章的方法加以實踐，你就能將數字運用到淋漓盡致。

另一個重點是，與數字交朋友。

對你而言，與數字在一起的時候開心嗎？還是很痛苦呢？

無論再怎麼會使用數字，倘若對數字懷抱著負面的情緒，就算你的願望實現了，反而會變得不幸也說不定。

舉例來說，即使在商場上變成了第一名，實現了賺取十億圓的願望，接著可能就會變成，每天擔心著會不會失去那筆錢。

●數字對我而言曾經是「可怕的存在」

事實上，曾有很長一段時間，數字對我而言是「可怕的存在」。

學生時代的我認為，「數字是學校的測驗或課堂上使用的東西，進入社會後就跟我沒關係了。」

沒想到我卻在商社裡擔任財務工作，還在有生以來第一次的海外生活，遭遇亞洲貨幣危機。

當時的我，眼前有兩條路。

是要過上完全與數字無關的人生？還是反過來好好面對數字？

選擇在金融危機中面對可怕數字的我，回日本時已經累到不成人形了。

憑良心說，我已經受夠數字了。

可是當我環顧日本，包括金融機構在內，大部分的公司都陷入了艱難的狀況。為了活下去，我痛下決心，「只能學會『數字』這個世界共通的語言了」。

●只要改變衡量的方向，就能讓數字變成朋友

我第一次的海外生活，就莫名其妙地捲入亞洲貨幣危機，被迫面對可怕的數字。轉換跑道後，數字也只是為了求勝的工具。

以第一為目標，我想要出人頭地，衡量標準隨時都在向上變動。

後來我在北海道的小鎮遇見了無法用數字衡量的充實美好，我的衡量標準也有了一百八十度的改變。

原本眾人的目標是，希望HUC的使用者能突破一萬人，結果居然超過了十萬人。

「北海道唯一沒有建水道的小鎮」，這聽起來感覺很糟糕，但換一個角度想，就成了「北海道唯一一個，所有的居民都在喝礦泉水的小鎮」，這就是不需要比較的「唯一」。

不僅如此，因為每個人都擁有不同的經驗與技術，腦力激盪之下就催生出了「從零到一」的結果。

改變衡量的方向時，我發現即便是上一份工作，數字也都一直支持著我。起初為了不要出錯，面對數字時總是戰戰兢兢，可是等我回過神時，我已經放下那些冷冰冰的數字，並溫和地向對方表達出內心的感受。

我認為數字就跟好朋友一樣重要，誠心誠意地用數字說話，就能打動人心。就能交到心靈相通的夥伴，在職場上也能交出亮眼的成績單。

這是出生在北海道、沒有任何留學經驗的我，之所以能在全球化企業任職，並以財務長為天職，勝任這個必須透過數字，讓事業成長的、財務最高責任者的最高秘密。

現代社會，數字經常被用來當成跟人比較的衡量標準。

在學校比較考試的分數、比較運動的紀錄。

從懂事以來就被人用數字比較，即使出了社會仍不例外。

如果你也跟我一樣，覺得數字是「可怕的存在」，倒也是情有可原。

儘管如此，我仍想大膽地說一句：數字是你可靠的人生夥伴。

●三個讓數字成為夥伴的步驟

第一個步驟是，你決定**「讓數字成為夥伴」**。

你是要繼續過著對數字敬而遠之的人生？還是鼓起勇氣擁抱數字呢？

決定的人是你自己。

其次是，**「拋開正確的數字，用簡單的數字說話」**。

關於這點，本書已經強調過無數次了。

最後則是，**「與數字建立各自獨立的關係」**。

數字會在各種不同的情況下幫你一把，但也不能因此就把自己的整個人生全部交給數字，否則就會受到數字的控制。

例如，設定「年收入要在五年以內達到兩千萬圓」的目標，為了實現這個目標，只要每天努力不懈就行了。

但人生若都以這個數字馬首是瞻，反而會造成反效果。像是過勞而損害健康；因為無法達成目標而責怪自己，把自己逼入絕境。

這麼一來，你等於是把自己的人生都交給數字了。

數字能幫助你得到幸福，但不能告訴你什麼是幸福。

但願數字能讓你過上充實的人生。

身處人生一百年的時代，要是能讓數字變成終生的夥伴，你就能過上充實的人生。

用數字說話的技巧 35

與數字成為良好的夥伴，用溫和的數字說到對方明白。

後記

此時此刻，我正坐在飛往澳洲的班機上，重看這本書。
首先，我由衷地感謝拿起這本書，並陪我一起看到最後的你。
數字是「世界的共通語言」，這也是本書最重要的主題。
一加一等於二，這個公式對全世界八十億的人而言都一樣。

請想像一下。
有一天，你突然漂流到無人島。
沒東西吃，也不知道會遭遇什麼危險。
就只有你一個人，幾乎快被不安和絕望吞噬了。

走了好幾個禮拜，總算遇到一個外國人。
是要繼續一個人走下去？
還是與素昧平生的人結伴同行？
如果是你，會怎麼選擇呢？

這不是書上或電影裡的情節。
這就像是突然調職、移民、展開新的事業，或是參加社團活動。
對方不見得是日本人，可能也是你這輩子從未遇見過的外國人。
明天，這個主角或許就會是你。

即使是素昧平生的人，也能用數字溝通。
「今天的氣溫好像上升到二十度了。」
你們開始的第一句話，可能就會讓你遇見相伴一生的生意夥伴也說不定。

從我有記憶開始，就一直感受到「萬一對方覺得困擾怎麼辦？」、「萬一占用對方的時間怎麼辦？」的壓力。我很怕跟不熟的人說話，也不太敢拜託相熟的朋友幫忙。

在這樣的情況下，我居然要獨自前往澳洲，參加聯合國的國際會議，與世界領袖交換意見、深入交流。他們全是我這輩子沒見過面的人，除了做簡報之外，如有必要，還可能要拜託他們協助一些事情。這是過去的我最不擅長做的事，可是，我內心卻充滿了期待。因為我知道，只要使用「數字」這個共通語言，就能展開對雙方有益的對話。

寫這本書的時候也一樣。就算再怎麼不想麻煩別人，不想浪費別人的時間，光靠我自己一個人什麼都做不了。非常感謝上江洲先生，謝謝他願意耐著性子鼓勵我、開導我這個既不聰明、又沒有自信的傢伙。如今這本書終於要出版了，多虧大原先生、武藤先生、歌川先生、高津先生等人的努力推動，才能做出這本好書，呈現給需要的人。非常非常感謝昴社的各位。

我還要感謝從零開始指導我寫這本書的 takatomo 公司與高橋朋宏先生，還有以平城先生為首的 BOOKQuality 的各位同事，以及與我相互扶持的出版研討會的夥伴們。

還有安排我與 takatomo 公司相遇的孝仁、企劃並舉辦出版紀念活動的小西、博哥，謝謝你們！

話說回來，如果十年前的我在書店裡看到這本書會有什麼反應呢？應該打死都不敢相信吧。現在的我活在與從前完全不同的世界裡，說是轉生到異世界也不為過。之所以能在未知的世界倖存下來，真的是拜許多恩人所賜。在寫這本書的過程中，我都會想起他們。

神田昌典先生。當我滿腦子只有「如何在公司出人頭地」的時候，我在神田先生的著作裡看到了未來的自己。包括電子型區域貨幣的專業知識在內，感謝他總是不吝於介紹、支持我的新挑戰。

本田健先生。當我猶豫著不知該留在東京當上班族，還是搬到北海道時，是他在背後推了我一把。事實上早在八年前，健先生就說過：「小美，來出書嘛。」就這樣替未來的出版之路播下了種子。

菅井敏之先生。搬去北海道的一週前，我偶然看到一本書，在那本書的指引下造訪了田園調布[14]的咖啡館。明明是第一次見面，他仍親切地指點我該如何處理用來活命的金錢，在我搬到北海道之後，也持續給我許多建議。

高田稔先生。是他教會我成為某個領域裡「第一名的重要性」和「營業的重要性」。

我開始會用簡單的數字說話，是因為埃森哲公司的上司，實踐的過程則深受奇異集團所有同事的影響。被我當成典範的主管多不勝數，我想直接去找他們，當面致上我的謝意。還有我突然搬去北海道時，大方接納我這個異鄉人的東川町公所、商工會等單位，真的非常感謝東川町的各位居民。事隔多年，當我向大家報告要出書時，大家都說：「恭喜你。」多虧有這麼多人的支持，才有了今天的我。

14 日本東京都大田區的町名，位於大田區最西端，鄰接世田谷區最南端，為日本知名的高級住宅區。

最後，我「用數字說話」的起點不是別人，正是我的父母。父母在我小學二年級的時候開始教我九九乘法，與母親一起去超市買東西，計算便宜多少錢曾是我不為人知的小樂趣。另外，英文也是不可或缺的共通語言。我沒有留學經驗，之所以能夠沒有障礙地跟外國人說話，多虧了小學五年級時，父親買了英語的教科書回來，還每天早上教我英文。但我已經無法直接向他們道謝了，所以我想利用這個機會向他們表示感謝。

事實上，我身邊有個非常害怕數字的人。偏偏我都在用數字工作，回到家也忍不住會用數字說話，而且總是要面對新的挑戰，一刻也閒不下來。我想把這本書獻給雖然對數字沒轍、卻總是陪在我身邊的、我最心愛的妻子，請讓我打從心底說一聲：「謝謝妳。」

有幸與數字交朋友，做自己想做的事，在工作上交出漂亮的成績單。然後與眼前、以及接下來才會遇到的重要之人，一起過著幸福且安心的日子。

如果這本書能為你幸福的生活作出一點點貢獻，身為作者，再也沒有比這個更令人欣慰的事了。

定居美德
二〇二三年三月

國家圖書館出版品預行編目資料

話數：3 秒打動人心！財務長的高效數字溝通力！/ 定居美德著；賴惠鈴譯. -- 初版. -- 臺北市：平安文化, 2024.11　面；　公分. --（平安叢書；第0819 種）(溝通句典；69)
譯自：数字で示せ： 3 秒でイメージさせて相手を動かす技術
ISBN 978-626-7397-83-1（平裝）

1.CST: 商務傳播 2.CST: 職場成功法

494.35　　113015345

平安叢書第 819 種

溝通句典 69

話數

3 秒打動人心！財務長的高效數字溝通力！

数字で示せ：3 秒でイメージさせて相手を動かす技術

作　　者—定居美德
譯　　者—賴惠鈴
發 行 人—平　雲
出版發行—平安文化有限公司
台北市敦化北路 120 巷 50 號
電話◎ 02-27168888
郵撥帳號◎ 18420815 號
皇冠出版社（香港）有限公司
香港銅鑼灣道 180 號百樂商業中心
19 字樓 1903 室
電話◎ 2529-1778　傳真◎ 2527-0904
總 編 輯—許婷婷
執行主編—平　靜
責任編輯—蔡維鋼
美術設計— Dinner Illustration、李偉涵
行銷企劃—蕭采芹
著作完成日期— 2023 年
初版一刷日期— 2024 年 11 月

法律顧問—王惠光律師

讀者服務傳真專線◎02-27150507
電腦編號◎342069
ISBN◎978-626-7397-83-1
Printed in Taiwan
本書定價◎新台幣 340 元 / 港幣 113 元